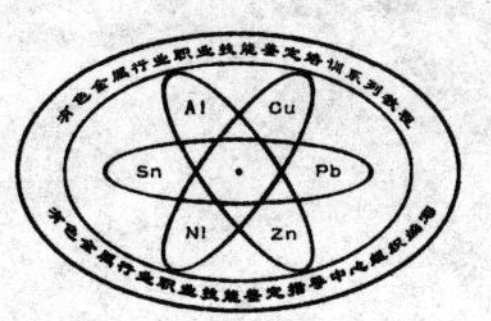

国家职业资格培训教程

酸 洗 工

主 编 阙基容
副主编 陈少华

中国建材工业出版社

图书在版编目（CIP）数据

酸洗工/阙基容主编．—北京：中国建材工业出版社，2011.5

国家职业资格培训教程

ISBN 978-7-80227-892-9

Ⅰ.①酸…　Ⅱ.①阙…　Ⅲ.①酸洗一技术培训一教材　Ⅳ.①TG156.6

中国版本图书馆 CIP 数据核字（2010）第 259548 号

内 容 简 介

本教程按照中国有色金属工业协会颁布的《酸洗工》职业技能鉴定标准要求编写，详细介绍和论述了酸洗工从初级工到技师四个职业等级应该掌握的基础知识和技能操作。

教材分为卷材酸洗和非卷材酸洗两个部分：卷材酸洗部分对初级工、中级工、高级工和技师四个职业等级提出了不同的技能要求；非卷材酸洗部分对初级工、中级工和高级工三个职业等级提出了不同的技能要求。内容上，力求知识详尽，职业特点突出，易于学习领会；结构上，针对职业活动领域，按职业等级划分章节。

本书是有色金属酸洗工必备的技术读物，也可供从事有色金属材料加工、科研、设计、教学和应用等方面的技术人员与管理人员使用，同时可作为大专院校相关专业师生的参考书。

酸洗工
主　编　阙基容
副主编　陈少华

出版发行：中国建材工业出版社
地　　址：北京市西城区车公庄大街 6 号
邮　　编：100044
经　　销：全国各地新华书店
印　　刷：北京雁林吉兆印刷有限公司
开　　本：710mm×1000mm　1/16
印　　张：9.5
字　　数：192 千字
版　　次：2011 年 5 月第 1 版
印　　次：2011 年 5 月第 1 次
书　　号：ISBN 978-7-80227-892-9
定　　价：25.00 元

本社网址：www.jccbs.com.cn
本书如出现印装质量问题，由我社发行部负责调换。联系电话：(010)88386906

《酸洗工》编写委员会

前　言

为推动酸洗工职业培训和职业技能鉴定工作的开展，在酸洗工从业人员中推行国家职业资格证书制度，中国有色金属工业协会和有色金属行业职业技能鉴定指导中心在完成《行业职业标准——酸洗工》（以下简称《标准》）制订工作的基础上，与中国铝业公司共同组织参加《标准》编写和审定的专家及其他有关专家，编写了《国家职业资格培训教程——酸洗工》（以下简称《教程》）。

《教程》力求体现“以职业活动为导向，以职业活动为核心”的指导思想，突出职业培训特色。《教程》紧贴《标准》，内容上覆盖了《标准》中酸洗工应具备的基本要求和工作要求；在结构上，《教程》针对酸洗工职业活动的领域，按照模块化的方式，根据职业功能分为卷材酸洗和非卷材酸洗两篇。卷材酸洗篇分初级、中级、高级、技师四个级别进行章的编写，非卷材酸洗篇分初级、中级、高级三个级别进行章的编写，每章按工作内容分生产准备、工艺操作、质量控制、设备维护四节；形式上将《标准》中“基本要求”的“基础理论知识”、“安全文明生产与环境保护知识”、“质量管理知识”等相关内容与“工作要求”中的“工作内容”、“技能要求”、“相关知识”融合在一起编写。

《国家职业资格培训教程——酸洗工》适用于有色金属铜、铝、镁、钛行业的初级、中级、高级、技师酸洗工种的培训，是职业技能鉴定的指定辅导用书。

本书由朱景明、阙基容、罗爱民、苗国伟、陈少华编写，阙基容主编。

由于时间仓促，不足之处在所难免，欢迎读者提出宝贵意见和建议。

编者

2011 年 1 月

目　录

第1篇　卷材酸洗

第2篇　非卷材酸洗

第1篇

卷材酸洗

第1章　初级工技能

1.1　生产准备

1.1.1　生产任务的确认

生产任务一般都是通过生产任务单和生产卡片的形式下达的。通常情况下，生产卡片和生产任务单均是以表格的形式存在。

1. 生产任务单

生产任务单是生产计划人员根据生产工序的供料情况给生产人员下达的任务，其上注明有该班次开动哪些机列，生产产品的牌号、规格，组织生产哪些张卡片的料以及生产顺序。生产操作人员必须读懂并按任务单执行。

生产任务单的一般格式见表1-1-1。

表1-1-1　生产任务单

机台　　班　　　　　　　　　　　　　　　　　　年　　月　　日

优先项	牌号或批号		
一般项	品种		数量

计划员　　　　　　　　　　　　　　　　　　　　　　班长

2. 生产卡片

生产卡片是由生产计划人员按产品和用户的要求对产品设计的生产工艺流程路线，上面详细注明有该卷的批号、需经哪些工序加工、产品的规格及技术要求等，是记录每批产品从投料、加工到检验入库为止的整个生产过程的原始记录，是对产品实施质量监控和工艺数据积累的重要手段。生产人员在原辅材料准备前必须仔细认真读懂。

仔细阅读生产任务单及生产卡片，了解本班的生产任务。通过生产任务单，操作人员需要清楚了解生产产品的详细信息，包括带卷状况、批号、目前的规格、合金状态、存放位置以及生产工艺参数。

3. 基本要求

根据生产任务单上下达的生产计划，与卡片核对带卷的批号、规格、合金状态是否相符，对未找到的卷材，应详细记录在交接班记录上并向生产计划部门反映；对核对无误的卷材，确认其能否上机生产，如存在端面质量差，有碰伤、裂边等缺陷时，应在卡片上做记录并请示处理。核对完成后根据任务单下达的生产顺序进行准备生产。

1.1.2　工具、器具

1. 工具、器具的的用途及准备

工具、器具的使用贯穿铜板带材酸、碱洗生产的整个过程，每一个酸洗工都必须掌握每种工具、器具的使用方法和注意事项，工具、器具的准备工作是保证生产顺利进行和产品质量控制的基础。一般的作业工具、器具的名称及用途见表1-1-2。

表1-1-2　作业工具、器具的名称及用途

工具、器具名称	用　途	工具、器具名称	用　途
卷尺	测量带材的宽度、壁厚等	打包机	用于打钢带
蜡笔、中性笔	用于标识卷材的相关信息	粘胶带	料卷粘贴
钢带钳	剪断钢带	衬纸	用于保护带卷
钢带、铜带	打捆卷材	剪子	用来剪切薄带材
复写纸	记录	电剪	用来剪切带材
千分尺	测量带材厚度	抹布	清理设备
温度计	测量溶液温度	探照灯	检查带材表面质量

2. 工具、器具准备的要求

接班后首先对这些常用工具进行清点，看是否齐全，检查各个工具、器具是否有影响正常生产的问题，对千分尺等量具要检查量具的检验合格证是否在有效期内，并对其进行精度校准，发现问题及时向相关单位反映、更换，对于存在故障的工具、器具要在设备维护人员把故障处理好后方可进行使用，以免给生产和产品质量造成不利影响。

1.1.3　制品及辅料

1. 制品

铜及铜合金酸碱洗的制品是铜及铜合金的带材。

铜及铜合金的类别。在我国国家标准中，铜及铜合金分为紫铜、黄铜、青铜、白铜四大类，其牌号分别用汉语拼音铜、黄、青、白的第一个字母的大写来表示，即：

(1) 紫铜的牌号是以“铜”汉语拼音第一个字母的大写“T”字打头，加顺序号表示，如 T1、T2、T3 等。

(2) 黄铜的牌号是以“黄”汉语拼音第一个字母的大写“H”字打头，简单黄铜其后面写出铜含量来表示，如 H62、H65 等；复杂黄铜其后面写出主要添加元素的符号，并在符号后面依次写出铜、主要添加元素的含量，如 HPb59-1 等。

(3) 青铜的牌号是以“青”汉语拼音第一个字母的大写“Q”字打头，后面加上主要成分元素的符号和含量来表示，如 QSn6.5-0.1 等。

(4) 白铜的牌号是以“白”汉语拼音第一个字母的大写“B”字打头，普通白铜其后面加上镍含量来表示，如 B10、B30 等；复杂白铜其后面写出添加元素的符号及镍与添加元素的含量来表示，如 BZn15-20 等。

2. 辅料

酸碱洗用辅料包括脱脂剂、硫酸及硝酸、钝化剂等。

(1) 脱脂剂

脱脂可采用各种非腐蚀性的脱脂碱液，例如常用的德国汉高（Henkel）公司的 P3-T7221 试剂等。目前，在生产过程中常用的脱脂剂一般都是采用高效表面活性剂、助洗剂、缓蚀剂等多种助剂复配而成的复合试剂，对矿物油、润滑油和动植物油等各种油污具有极强的洗涤能力，清洗后光亮如新，保持金属材料原有的光亮度。在使用时一般将脱脂碱液配制成 1%～3%的水溶液，溶液使用温度 60～70℃，用于去除带材表面残留的轧制油或轧制乳液。在实际生产中也有使用纯碱作脱脂剂的，但脱脂效果与使用脱脂剂还是有较大差别的。

(2) 硫酸

硫酸是最常见的铜及铜合金酸洗原料，分子式：H_2SO_4。使用方法是将其配制成 5%～20%的稀硫酸，用于清除带材表面的氧化层。

(3) 硝酸

通常在酸洗白铜带材时，将其加入到硫酸溶液中，用于提高酸洗效果。

(4) 钝化剂

实际生产中最广泛使用的都是苯丙三氮唑（B.T.A）及其衍生物等有机钝化剂，用于防止产品表面氧化变色。

1.1.4 酸碱的搬运

1. 酸碱的危害

(1) 酸的危害

强酸和腐蚀性较强的酸，通常以液体状态或气溶胶状态，通过皮肤、眼睛、呼吸道等途径侵害人体。液态酸与皮肤接触时，即吸收皮肤组织中的水分使之脱水，同时放出大量的热，引起烧灼伤，造成局部组织蛋白质凝固性坏死，并能引起组织腐烂溶解。

（2）碱的危害

强碱类的固体或浓溶液与皮肤的黏膜直接接触可吸收组织中的水分放出大量的溶解热，与组织蛋白结合形成可溶性、胶样的碱化蛋白盐，并可皂化脂肪，因而造成局部组织的溶解性坏死和灼烧伤；由于坏死组织的变软和易于溶解，毒物可迅速侵入组织深处，从而造成更广泛更严重的坏死性溃疡，这种伤害是最为多见的工业外伤。碱大量被吸收还可引起全身性碱中毒。

2. 对酸碱危害的个人防护

酸碱的个人防护，按侵害人体的部位划分，一般可分为呼吸道的防护和皮肤、眼睛的防护两部分。

（1）呼吸道的防护

呼吸道的防护主要是防止呼吸道吸入酸雾、酸性气体和碱性粉尘，可分别选用如下防护用品。

1）酸性气体防护用品

根据酸性气体的性质和浓度可分别选用防酸口罩和防毒面具。在酸雾过高和同时有酸碱液体飞溅的场所要选用防酸面罩或防酸面罩连衣。

2）碱类粉尘防护用品

可根据碱性粉尘的性质和浓度选用不同的防尘器口罩。

（2）皮肤、眼睛的防护

皮肤和眼睛的防护主要是阻离、减少皮肤直接接触酸碱液体、酸雾、酸性气体和碱性粉尘等有害物质，避免酸碱液滴、酸雾、碱性粉尘危害眼睛。可根据生产条件和工作性质选用不同的防护用品。

1）防酸碱液体用品。接触酸碱液体的作业，所需防护用品一般使用耐酸碱橡胶制品（包括乳胶制品）、聚乙烯塑料薄膜制品和人造革制品、无渗透柞丝防酸绸等。其品种有防酸碱橡胶工作服、背带裤、围裙、套袖、手套、靴、鞋等。在有酸碱液滴飞溅的场所可以使用有机玻璃面罩和防酸面罩，保护面部皮肤和眼睛。

2）防酸性蒸气用品。在接触酸雾、酸蒸气的作业时，所穿用耐酸蒸气腐蚀的纯毛呢、化纤类制品，如纯毛呢工作服、涤纶工作服等。

3）防碱性粉尘用品。可选用一般较密的棉纤维织物。

3. 酸的搬运

硫酸是化学三大无机强酸（硫酸、硝酸、盐酸）之一，纯硫酸是一种无色无味油状液体。常用的浓硫酸中 H_2SO_4 的质量分数为98.3%，其密度为1.84g/cm^3，其物质的量浓度为18.4mol/L。硫酸是一种高沸点难挥发的强酸，易溶于水，能以任意比例与水混溶。浓硫酸溶解时放出大量的热，因此浓硫酸的搬运必须在具有各项安全保证措施的前提下进行搬运。

（1）盛酸的容器

在实际生产应用中，纯硫酸都是存放在不锈钢罐子中，随时对机列中的酸槽进行添加，如图 1-1-1 所示。

图 1-1-1　存放纯硫酸的不锈钢罐子

（2）酸的搬运及搬运过程中的注意事项

在生产车间的生产线上，由于酸罐重量较重，一般酸罐的搬运都是采用天车吊运的。在吊运过程中操作人员应注意以下事项：

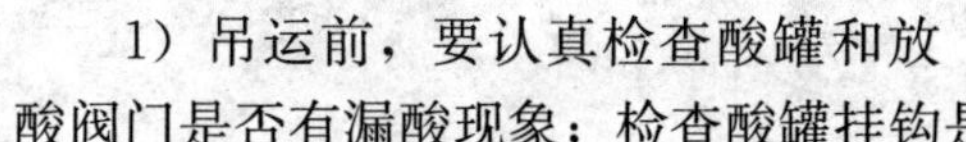

1）吊运前，要认真检查酸罐和放酸阀门是否有漏酸现象；检查酸罐挂钩是否牢固可靠。

2）吊运酸罐必须采用专用的吊具或两根等长度钢丝绳。

3）对酸罐顶部罐口的盖子要进行固定，防止酸液溅出伤人。

4）吊运时，应对放酸阀门进行包裹，防止酸液滴落伤人及损害设备。

5）吊运过程中，要保持酸罐重心平衡，轻吊轻放。

6）酸罐吊运后，吊具必须卸下，防止吊具被酸腐蚀。

7）酸罐搬运属危险作业，吊运时必须有人监护，禁止单人操作。

4. 脱脂剂（碱）的搬运

脱脂剂（碱）的生产厂家一般对脱脂剂（碱）的包装都采用带内衬的编织袋包装，每袋重量在 25kg 左右。酸碱洗工序的生产现场基本上都是采用人工搬运的方法搬运脱脂剂（碱）。

在脱脂剂（碱）的搬运过程中操作人员应注意以下事项：

（1）搬运前，检查盛放脱脂剂（碱）的袋子有没有破漏的现象。

（2）搬运时必须戴防护手套，防止脱脂剂（碱）伤手。

（3）搬运过程中，卸袋时要轻放，防止有脱脂剂（碱）粉尘飞入眼中。

1.1.5　酸碱液试样的取送

在正常生产过程中，随着机列通过量的不断增加，酸液和碱液的浓度都会有不同程度的降低及变化，酸洗和脱脂的效果也会逐渐减弱，带材会出现洗不净现象，影响带材的表面质量，因此要定期或根据机列通过量的变化对酸液和碱液的浓度进行取样送检。此外，如果在生产过程中有问题出现，影响带材表面质量时，也应及时对酸液和碱液的浓度进行取样送检。

碱液和酸液的腐蚀性很强，所以在取样时一定要注意安全。常用的取样方法是：找一根约 500mm 长的铜丝，拴到玻璃瓶的瓶口上，然后把玻璃瓶放到脱脂罐或酸槽内灌取，取样完毕后，把瓶盖盖紧，把玻璃瓶外面残留的碱液或酸液用清水冲洗干净，送检验部门进行检测。

1.1.6 设备的主要参数

1. 设备的主要参数

酸碱洗设备的主要参数包括以下几个方面：

（1）酸碱洗带材的规格

反映了该酸碱洗机列所能通过带材的厚度和宽度规格范围、卷材内径、卷材外径范围以及带材的最大卷重。

（2）酸碱洗机列速度参数

机列正常工作运行的最大速度及速度波动范围。

（3）酸碱洗机列张力参数

机列的最大开卷及卷取张力。

（4）溶液参数

机列各溶液浓度及温度。

（5）烘干箱温度

烘干箱的最高温度。

（6）开卷机、卷取机参数

开卷机及卷取机的外径、长度、最大涨缩范围等。

（7）下切剪参数

下切剪的剪切最大厚度。

2. 酸碱洗设备技术参数的实际应用

某铜板带生产厂家酸碱洗生产设备的主要技术参数见表1-1-3。

表1-1-3 某铜板带生产厂家酸碱洗生产设备的主要技术参数

设备名称	650mm 酸碱洗机列	320mm 酸碱洗机列	宽带 酸洗机列	650mm 清洗机列
清洗方式	脱脂＋酸洗	脱脂＋酸洗	酸洗	脱脂（碱洗）
卷材宽度（mm）	500～670	200～320	500～670	300～670
卷材厚度（mm）	0.30～3.0	0.045～0.50	0.2～1.5	0.05～0.80
最大外径（mm）	ϕ1500	ϕ1500	ϕ1000	ϕ1250
内径（mm）	ϕ500	ϕ500	ϕ500	ϕ500
最大卷重（kg）	8000	4000	2000	5000
机列速度（m/min）	0～50	0～100	15～100	5～100
最大开卷张力（kN）	12	1	—	3
最大卷取张力（kN）	30	3	3.92	8
烘干箱加热方式	电加热	电加热	蒸汽加热	电加热

续表

设备名称	650mm 酸碱洗机列	320mm 酸碱洗机列	宽带 酸洗机列	650mm 清洗机列
烘干温度（℃）	>60	>60	>80	>60
开卷机外径（mm）	φ500	φ500	φ500	φ500
涨缩范围（mm）	φ480/506	φ480/506	—	φ460/540
卷取机外径（mm）	φ500	φ500	φ500	φ500
涨缩范围（mm）	φ492/502	φ492/502	φ493/505	φ492/502
总连接负载（kW）	570	600	—	490

1.2 工艺操作

1.2.1 卷材酸碱洗的工艺（操作）流程

酸碱洗设备的基本工艺流程为：上料→开卷→切头尾→缝合头尾→脱脂刷洗→冷水洗→热水洗→酸洗→冷水洗→冷水刷洗→热水刷洗→热水洗→钝化→干燥→切头尾→卷取→卸料→捆扎→标识。

1.2.2 上料、卸料、捆扎、缝合的操作

1. 上料部分的操作

上料是酸碱洗生产加工工艺的第一步，也是酸洗工最基本的生产操作步骤。其具体操作步骤是：

（1）接班后第一卷料

1）看生产交接班记录，了解上班生产、设备、质量情况。

2）看生产任务单，了解当班生产任务计划。

3）检查设备是否正常，空负荷试车。

4）根据生产计划要求，核对生产卡片，到现场找对应的生产料卷。

5）通知天车工吊料，将带卷按顺时针方向放在开卷机的上料架上，缩小开卷机卷筒。

6）用开卷机上料小车将带卷上到开卷机卷筒的正中位置上，涨大开卷机卷筒。

7）压下开卷压辊，打开带卷的捆带，抬起开卷铲头，将带材开至液压切头剪处，切去料头。

（2）班中上料

重复上述第4～7步骤。

（3）上料过程中的注意事项

1）上料过程中，一定要注意安全。

2）吊运带卷时，要与天车驾驶人员密切配合，“C”型钩穿带卷内心时，操作人员要把钩子头扶正，防止碰坏带卷边部。

3）料上到开卷机上后，一定要先压下压辊再打开捆带，以防带卷松卷和料头伤人。

2. 卸料及捆扎部分的操作

卸料及捆扎是酸碱洗生产加工工艺的最后一步，也是酸洗工最基本的生产操作步骤。其具体操作步骤是：

（1）烘干后的带材经过偏转辊、“S”辊和对中装置后，将缝合头用切头剪切掉。

（2）将卸料小车开送到卷取机下方。

（3）带材收卷。

（4）升高卸料小车至与料卷接触后，收缩卷取机卷筒。

（5）把捆扎钢带沿卸料小车上的专供打捆带的空隙穿入，戴上打包扣，用气动打包机将捆带打紧、捆扎好。

（6）将卸料小车开出，将带卷放在储料架上。

（7）按照工艺要求进行带材的标识。用蜡笔或记号笔在铜带表面上写清牌号、批号、规格、状态及下道工序。

（8）填写生产卡片，带卷与卡片相对照，卡片应完整清洁，填写准确。

（9）指挥天车将带卷吊运到工艺要求的下道工序，同时生产卡片也随之送往下道工序。

3. 缝合装置的操作

酸碱洗机列的缝合装置一般有两种形式，即机械缝合形式和氩弧焊接形式。机械缝合适用于厚度规格较大的铜带，而氩弧焊接则适用于1.0mm以下厚度规格带材的缝合。缝合机如图1-1-2所示。点焊机如图1-1-3所示。

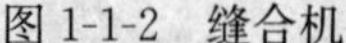

图1-1-2 缝合机

图1-1-3 点焊机

（1）机械缝合

机械缝合是采用机械冲剪方式将两卷铜及铜合金带材的首尾连起来的缝合方

式。它主要由安装在机架上的活动梁、活动梁的驱动油缸及上下冲模组成。其中一个冲模固联在活动梁上，另一个冲模固联在机架上，冲模的冲剪刃从冲压方向看均为阶梯状。缝合时，两带材重叠，先冲剪出一排阶梯状切口，两带材的切口贴在一起，用铜丝穿起来，从而将两带材连接起来。

机械缝合的操作程序是：

1）将带材料头引至缝合机处，与前一卷带材的尾部重合约100mm。

2）按下缝合机缝合按钮。

3）将铜丝从阶梯状切过，并将铜丝两端折向与铜带表面呈小于90°的方向。

4）开动设备。

（2）氩弧焊接

氩弧焊接方式是用氩弧焊接机将两卷铜及铜合金带材的首尾焊接起来的缝合方式。氩弧焊接机是由焊接喷嘴与电源组成，焊接喷嘴安装在一固定架上由气缸控制，焊接时由氩气保护。

氩弧焊接的操作程序是：

1）将料头引至氩弧焊接机处，与前一卷带材的尾部重合约200mm。

2）用点焊机焊接带材头尾，并根据带材情况，选择用单排焊接或多排焊接。

3）对带材厚度在0.3mm以下焊接时，需在焊接处衬垫厚度为0.3mm黄铜板进行焊接。

4）检查焊接牢固后，开动设备。

1.2.3 烘干与卷取

1. 烘干

酸碱洗机列的烘干过程是对钝化后的带材表面进行烘干处理，防止带材表面残留水雾、水迹，造成带材表面氧化变色。过去酸洗机列上的烘干装置大多都是采用蒸汽加热、风机吹风干燥的方式，带材表面干燥温度控制波动大。目前的酸碱洗机列基本都采用了电加热、风机吹风干燥的方式，烘干效果好，烘干质量稳定。烘干设备的操作程序是：启动烘干箱电加热器，启动烘干箱循环风机，按工艺规程要求设定烘干温度，待烘干箱温度达到设定温度时，开始生产。烘干机如图1-1-4所示。

图1-1-4 烘干机

2. 卷取

（1）将带材头部咬入卷筒钳口，在带材等于或小于0.5mm时，必须用套筒。

（2）将带材张紧，调整卷取张力，启动机列并调整机列速度。

1.2.4 酸碱液表面悬浮物的产生原因，储液罐内污物、杂物的产生原因及清除

1. 酸碱液表面的悬浮物

（1）碱（脱脂）液表面的悬浮物

新配制的碱（脱脂）液经过一段时间使用后，在碱（脱脂）液罐的脱脂液表面会漂浮着一层黑褐色的物质，其主要是被清洗的带材表面清洗下来的油污和灰分聚集。清除的方法主要有：

1）溢水法：通过向碱（脱脂）液罐中加水，使罐中的油污顺罐体上方的溢流口溢出。

2）油水分离法：通过油水分离装置将油分离出来。目前国外的酸碱洗设备大都采用了此种方法，国内一些较先进的酸碱洗设备也有所应用。

（2）酸液表面的悬浮物

正常情况下，酸碱洗设备的酸液中不会产生悬浮物，只是在进出酸槽时的胶辊上会粘有少量的硫酸铜晶体，在酸槽底部及槽壁上会沉淀大量的硫酸铜晶体。如出现有悬浮物，则可能是：

1）油污：带材没有经过脱脂或脱脂效果差进入酸槽将带材表面的油污带入。

2）酸液中掉入铁质物件：掉入的铁质物件在酸液中参与了置换反应，铁中的各种杂质纷纷分离出来，由于它们含量少，分布均匀，这些杂质都是一些细小的颗粒（甚至接近于粉尘），它们通过水分子粘合在一起，当中可能也包裹了少量的Cu金属的细小颗粒及粉尘，结构不紧凑，所以可以漂浮在硫酸溶液表面上，形成了悬浮物。由于硫酸溶液中的悬浮物很难清除，所以要定期更换酸液。

2. 储液罐内的污物、杂物

储液罐主要是指脱脂罐、热水罐、钝化罐，储液罐内的污物和杂物多为溶液在使用较长时间后，罐内的罐壁上和加热器上都会粘结上许多水垢，在储液罐的底部也会沉积一定的泥状污物，如不及时清理，会影响清洗质量。储液罐内污物和杂物的清理需在停车更换溶液时进行彻底的清除。清除的方法可采用人工清除或用高压水枪冲洗。

1.2.5 制品标识及堆放

1. 产品标识相关知识

产品标识是指产品的合金牌号、状态、规格、数量（或重量）、批号（铸锭为熔次号）、生产顺序号、部件号（产品代号）、检验印记、生产厂名等用于对每个或每批产品形成过程中识别和记录的唯一标记。产品标识也就是产品的身份标识，它包括来料产品标记、来料产品不合格标记、成品标记、废品标记、待处理品标记等。只要能将不同的产品区分和在不损害产品功能的原则下，标记可以用喷码、打钢印、加盖印章、挂牌或粘贴标牌、用记号笔标注等方式。从投料、加工到包装、交付整个过程所涉及的记录应反映在相应工序的产品标识中，既可保证不同产品间

的可识别性，同时确保产品的可追溯性。

生产工序中的半成品的标识（合金牌号、状态、熔次号、批号、顺序号等）按各企业的规定进行标记，标记内容应与生产随行卡片相符。

2. 卷材酸洗制品标识

（1）制品标识

每卷制品生产完后，作业人员应及时对制品进行标识。卷材的标识一般都是用蜡笔或记号笔在卷材表面进行标识，标识的内容包括：合金牌号、批号、状态、规格、质量状况（合格、不合格）、生产班次、下道工序等。

（2）待处理品标识

待处理品要进行特殊标记，并与正常产品隔离，防止与正常产品混料。

3. 制品的堆放

酸洗后的卷材制品经打捆带后，要摆放在卷材专用料架上，同牌号的制品应尽量摆在同一区域。吊运时要使用专用吊具，轻吊轻放，避免吊运过程发生碰坏卷材边部的现象，影响后面工序的再生产和产品质量。

1.2.6 生产卡片填写

为了进行本工序的生产作业，操作人员必须首先能准确释读和理解生产卡片或任务单的内容和要求，并针对本工序的作业要求进行下一步的生产准备和生产作业。

1. 生产卡片填写的内容

生产卡片应能反映如下内容：

（1）卡片编号、批号、熔次号、合金牌号、成品规格、交货期、状态、计划成品量、入库量、铸锭规格、铸锭投料量、产品标准、工艺流程等（此项内容由生产计划人员根据客户所订合同要求及技术部门下达的工艺过程进行填写）。

（2）工序之间过料的交接量（由工序生产操作人员填写）。

（3）工序所产生的废品量和废品分类（由工序生产操作人员填写）。

（4）最终交验重量、合格成品量、废品量和废品分类（此项由产品检查人员填写）。

（5）本工序主要实际工艺参数或实际尺寸（由工序生产操作人员填写）。

（6）各项检验和试验结果记录（此项由产品检查人员填写）。

（7）异常情况记录（由工序生产操作人员填写）。

2. 生产卡片的作用

明确本工序的作业内容、作业要求、作业程序等信息，使操作工人根据生产卡片或任务单的要求进行本工序的生产作业需要的工具、设备和物料的准备，并按照作业内容和要求进行本工序的生产作业。

记录相关作业操作人员、操作班组、生产日期和作业结果以及最终用户和制品等信息，为质量跟踪和质量管理提供准确、原始、可靠的数据。

3. 生产卡片填写要求

生产卡片应填写完整，不漏项，填写人要签字。过料时，交接人员要做到料卡相符，卡片遗失或卡片填写不符合有关要求的物料不得放行、转工序。更改卡片填写内容时须签名或盖章。如原卡片严重损坏，需重新补写卡片，应由生产单位质检人员审核、签字、确认，新卡片还采用原编号，新补卡片应建账登记。

1.3 质量控制

1.3.1 卷材尺寸测量

在实际应用中卷材尺寸的测量包括：带材厚度尺寸、宽度尺寸和带卷壁厚的测量等。主要测量工具是千分尺和卷尺。测量的目的是对上道工序的来料进行自检，核对是否与生产卡片相符，对本工序在生产过程中的损失情况进行测量以及对产品缺陷的具体位置进行测量，以利于缺陷的准确描述。

1.3.2 测量工具的使用方法

1. 钢卷尺

钢卷尺用来测量较大的几何尺寸，如制品的宽度、卷材的壁厚等，其精度是1mm。它的使用简单、方便，测量时只需将刻度带紧贴制品表面展开，即可读数（见图1-1-5）。

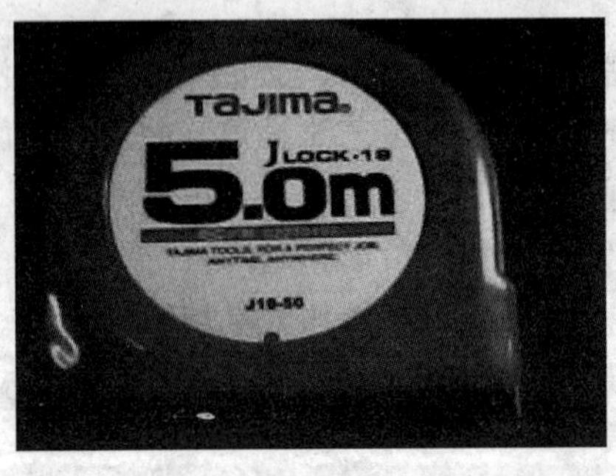

图1-1-5 钢卷尺

2. 千分尺

千分尺是工厂中最常用的精密量具。它的测量精度一般为0.01mm，但由于测微螺杆精度受到制造上的限制，因此其移动量通常为25mm，所以常用的千分尺测量范围分为0～25mm、25～50mm、50～75mm、75～100mm等，每隔25mm为一档规格。在酸碱洗工序常用的为0～25mm档的千分尺。

（1）千分尺的结构形状

现场一般使用的是外径千分尺，如图1-1-6所示。外径千分尺由尺架1、

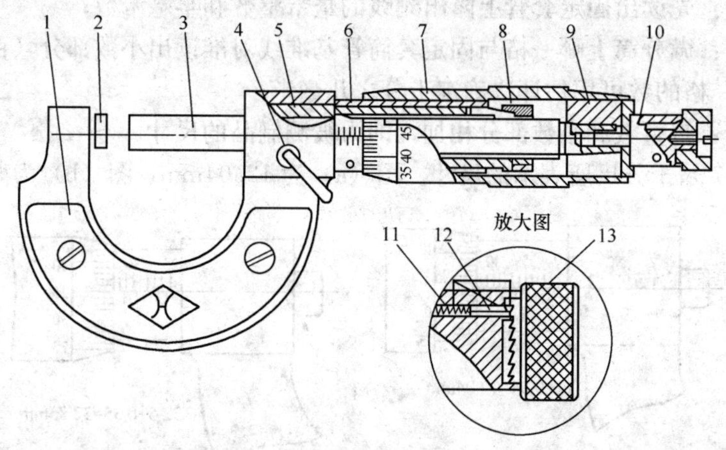

图 1-1-6 千分尺

测微螺杆 3、测力装置 10 和锁紧装置 4 等组成。尺架的左面有砧座 2，右端有固定套管 6（上面有刻线），固定在螺纹轴套 5 上，而螺纹轴套又和尺架 1 紧密配合成一体。测微螺杆 3 中间是精度很高的外螺纹，与螺纹轴套 5 上的内螺纹精密配合，当配合间隙增大时，可用螺母 8 依靠锥面调节。测微螺杆另一端的外圆锥与接头 9 的内圆锥相配，并与测力装置 10 连接。由于接头 9 上开有轴向槽，依靠锥体的张力使微分筒 7 与测微螺杆 3 和测力装置 10 结合成一体。当我们用手指旋转测力装置时，就带动测微螺杆和微分筒一起旋转，并沿着轴向移动，即可测量尺寸。

测力装置就是使测量面与被测制品接触时保持恒定的测量力，以便测出正确的尺寸。它的结构原理见图 1-1-6 的放大图。棘轮爪 12 在弹簧 11 的作用下与棘轮 13 啮合，当转动测力装置，千分尺两测量面接触工件并超过一定压力时，棘轮 13 沿着棘轮爪的斜面滑动，发出嗒嗒响声，这时就可读出制品厚度尺寸。测量时，为了防止尺寸变动，可转动手柄 4 通过偏心锁紧测微螺杆。

千分尺在测量前，必须校对零位。如果零位不准，可用专用扳手转动固定套管 6。当零位偏离较大时，可松开紧固螺钉，使测微螺杆 3 与微分筒 7 松动，再转动微分筒，对准零位。

（2）千分尺的工作原理及读法

1）工作原理

千分尺测微螺杆 3 的螺距为 0.5mm，固定套筒 6 上直线距离每格为 0.5mm。当微分筒 7 转一周时，测微螺杆就移动 0.5mm，微分筒圆周斜面上共刻 50 格，因此当微分筒转一格时（1/50 转），测微螺杆移动 0.5/50＝0.01mm，所以常用千分尺的测量精度为 0.01mm。

2）读数方法

千分尺读数方法分为三步：

第一步：先读出固定套管上露出刻线的毫米整数和半毫米数；

第二步：微分筒上哪一格与固定套筒管基准线对准读出小数部分（百分之几毫米），不是一格的数可用估计法确定千分之几毫米；

第三步：将整数和小数部分相加，即为被测制品的尺寸。

图 1-1-7 是千分尺所表示的尺寸。图（a）为 12.04mm，图（b）为 32.85mm。

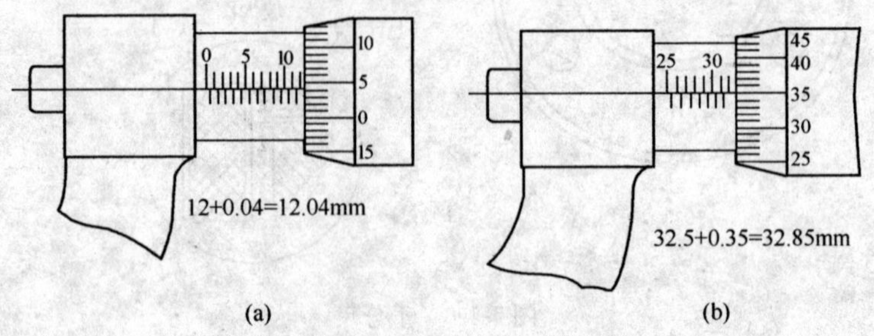

图 1-1-7　千分尺所表示的尺寸

（3）千分尺的维护保养和使用注意事项

1）千分尺应保持清洁，尤其测量面必须干净。使用前应先对准零位，如果没有对准，必须进行调整。必须说明，一般工厂不允许操作者自行调整千分尺，必要时可送交计量部门进行调整。

2）测量时，先转动微分筒，当测量面将接近制品时，改用测力装置，直到棘轮发出嗒嗒声为止。

3）不准在运动的制品上进行测量，并要注意温度影响。

4）不能将千分尺先调整好尺寸，作为卡规使用。

5）千分尺用毕后，必须擦净放在盒内，长期不使用应加防锈油并放在妥当的地方。

1.3.3　酸碱洗缺陷

酸碱洗生产中常见的产品质量缺陷主要是表面质量缺陷。表面缺陷一般分为两类：一类是表面物理缺陷，如划伤、擦伤、硌坑等；另一类是表面化学缺陷，如氧化、斑点、水迹、“花脸”、表面发红等。

1. 表面物理缺陷

酸碱洗生产过程中常见的表面物理缺陷严重时，将造成制品的报废。

（1）划伤

划伤就是尖锐物体与铜及铜合金带材表面接触，产生相对滑动而引起条状或沟槽状伤痕。

划伤的主要特征是：通长的或断续的仅限于铜带表层上的破坏了金属连续性的缺陷。划伤造成缺陷的面积较窄而长。

（2）擦伤

擦伤就是物体之间接触后相对滑动而引起铜及铜合金带材表面呈束状分布的伤痕，俗称擦花。

擦伤的主要特征是：局部的或断续的仅限于铜带表层上的破坏了金属连续性的缺陷。擦伤造成缺陷的面积较宽而短。

（3）硌坑

硌坑就是硬物压在铜及铜合金带材表面而引起压伤坑。

硌坑的主要特征是：周期性的不仅限于铜带表层上的破坏了金属表面平整及连续性的缺陷，严重时会造成带材局部硌透。硌坑造成缺陷的面积较小且硌坑处铜带有损伤。

（4）硌包

硌包就是非金属类物质压在铜及铜合金带材表面而引起鼓包。

硌包的主要特征是：周期性的仅限于铜带表层上的破坏了金属表面平整的缺陷。

2. 表面化学缺陷

（1）氧化

氧化就是带材在空气中放置一定时间，与氧接触自然形成的氧化斑、氧化点等，使带材局部失去金属应有的光泽。

氧化的主要特征是：带材在空气中放置自然形成的表面缺陷，其形貌特征轻者为弥散点状，重者为棕色块斑。

（2）水迹

水迹就是带材表面有水渍所形成的斑痕。

水迹的主要特征是：水渍斑较多呈片状、点状分布或沿靠近带材边部处呈细条状延伸，表面失去光泽。

（3）酸水迹

酸水迹就是带材表面有残酸水溶液所形成的斑痕。

酸水迹的主要特征是：带材表面出现局部绿色或绿色斑痕锈迹，一般成片分布，轻微的出现点状或弯曲线条状，并伴有其他印痕，产品表面失去金属光泽。

（4）钝化液斑点

钝化液斑点就是带材表面残留有钝化剂所形成的斑痕。

钝化液斑的主要特征是：一般为白色点状或圆圈状斑块，放置一段时间后，斑点处会逐渐变黑。

（5）表面发红

该缺陷是指含锌黄铜带材酸洗后，表面出现泛红色斑、色块的现象。

表面发红的主要特征是：发生在黄铜表面，呈点状、块状或整个表面。

1.4 设备维护

1.4.1 酸碱洗设备的基本结构

酸碱洗设备如图 1-1-8 所示。工作原理是带材通过脱脂一酸洗一钝化，从而达到清除带材表面油污、氧化、腐蚀等缺陷，实现带材表面清洁、光亮的目的。目前，铜板带材生产企业使用的酸碱洗设备基本结构主要由以下部分组成：

(1) 上下料小车及存料台

(2) 开卷机

(3) 铲头导板

(4) 液压剪

(5) 缝合机

(6) 毛毡制动器

(7) 挤压辊

(8) 脱脂溶液喷射箱

(9) 刷洗箱

(10) 酸洗槽

(11) 冷水喷射箱

(12) 热水喷射箱

(13) 挤干辊

(14) 钝化液喷射箱

(15) 烘干箱

(16) S 辊

(17) 卷取机

(18) 储液罐

(19) 对中装置

(20) 通用液压系统

(21) 对中液压系统

1.4.2 设备保养

1. 操作工人应掌握的“三好”和“四会”

(1)“三好”：就是操作工人在使用设备时，要管好、用好、修好设备，保证设备安全正常运行。

1) 管好

①严格执行定人定机和发证操作使用设备，使之经常处于完好。

②管好工具附件不丢失损坏，放置整齐，安全防护装置齐全，线路管理完整。

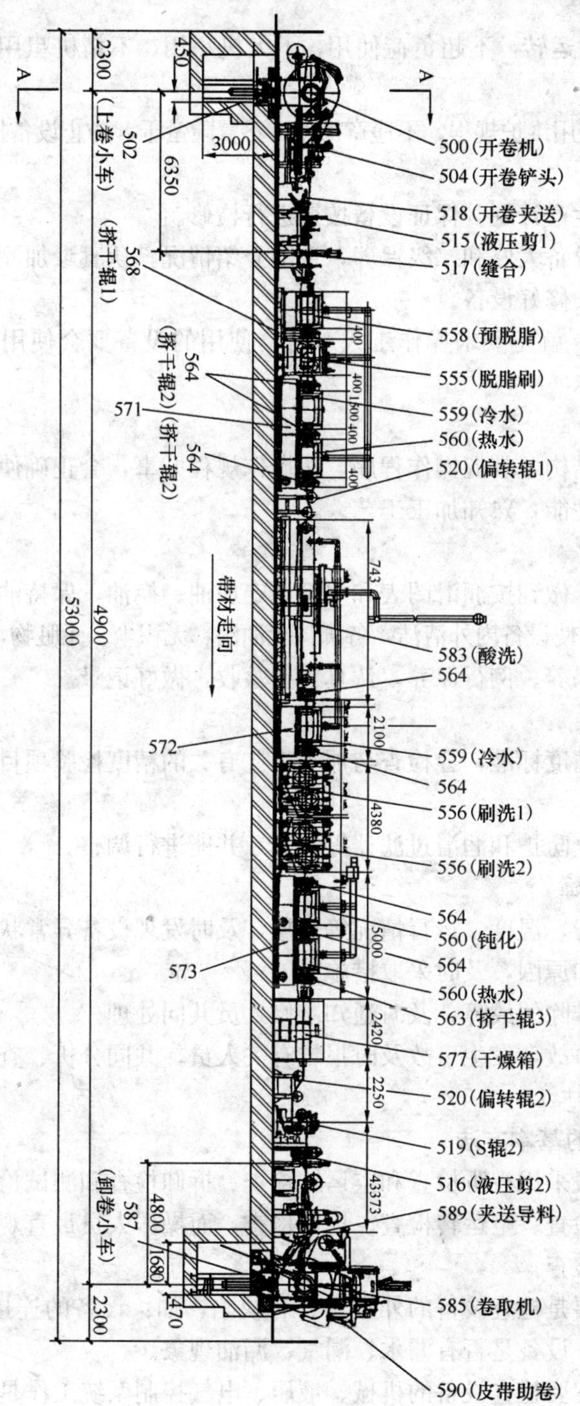

500(开卷机)
504(开卷铲头)
518(开卷夹送)
515(液压剪1)
517(缝合)
558(预脱脂)
555(脱脂刷)
559(冷水)
560(热水)
520(偏转辊1)
583(酸洗)
564
559(冷水)
564
556(刷洗1)
556(刷洗2)
564
560(钝化)
564
560(热水)
563(挤干辊3)
577(干燥箱)
520(偏转辊2)
519(S辊2)
516(液压剪2)
589(夹送导料)
585(卷取机)
590(皮带助卷)
502(上卷小车)
568(挤干辊1)
564(挤干辊2)
571
564(挤干辊2)
572
573
587(卸卷小车)
带材走向
53000
4900
2300
450
3000
6350
743
2100
4380
5000
2420
2250
43373
4800
680
470
2300

图 1-1-8　酸碱洗设备

2）用好

①设备不带病运转，不超负荷使用，不大机小用，不精机粗用，充分发挥设备效能。

②遵守设备使用维护规程，不违章操作，不冒险蛮干，防止设备损坏和发生事故。

3）修好

①努力完成生产计划，保证设备按期进行检修。

②积极参加设备大修和二级保养，主动介绍情况，认真参加测检组装和试车验收，配合维修工人修好设备。

(2）“四会”：就是要求操作工人对自己使用的设备要会使用、会保养、会检查、会排除故障。

1）会使用

①熟悉设备结构，掌握操作程序，按操作规程办事，会正确使用设备。

②了解设备性能，熟知加工工艺。

2）会保养

①合理润滑，做到按润滑图表和规程规定加油、换油，保持油路畅通清洁。

②认真清扫，使设备内外清洁，各部位无油污、无积尘、无脏物，保持设备本色。

③坚持定期保养、例行保养，认真检查验收，做好记录。

3）会检查

①了解设备精度标准，会检查与加工工艺有关的精度检验项目，并能进行简单的调整。

②会检查安全防护和润滑过滤器等装置，并能进行调整。

4）会排除故障

①能通过声音、温度、运行情况等现象，及时发现设备异常状况，并能判断出异常状态的部位和原因，及时采取措施。

②自己不能排除的故障，及时通知维修人员共同处理。

③积极防止事故，发生事故及时报告有关人员，共同分析、查明原因，制定出预防措施。

2. 检查设备的基本方法

设备检查一般采用视听检查和空运转检查、拆卸检查和测试检查。在企业中使用最多的是视听检查、空运转检查、拆卸检查，而操作人员最直观、最常用的是视听检查和空运转检查。

视听检查主要是检查设备的外观是否有缺陷，如：设备的连接螺栓松动情况，防护罩是否规范，设备是否有漏水、漏气、漏油现象。

空运转检查主要检查设备的机械、液压、电气控制系统工作是否正常，如：设备动作是否灵活可靠、系统是否存在泄漏、控制系统控制可靠、设备的润滑状况是否良好。

1.4.3 阀门

1. 酸碱洗设备常用阀门

酸碱洗机列设备上的水及溶液的阀门都位于储液罐的周围，一般有2个进水阀、1个出水阀、1个放水阀。基本采用的都是截止阀。

2. 截止阀的结构

截止阀阀体的结构形式有直通式、直流式和直角式。直通式是最常见的结构，但其流体的阻力最大。直流式流体阻力较小，多用于含固体颗粒或黏度大的流体。直角式阀体多采用锻造，适用于较小通径、较高压力的截止阀。截止阀的启闭件是塞形的阀瓣，密封面呈平面或锥面，阀瓣沿流体的中心线作直线运动。阀杆的运动形式，有升降杆式（阀杆升降，手轮不升降），也有升降旋转杆式（手轮与阀杆一起旋转升降，螺母设在阀体上）。截止阀属于强制密封式阀门，所以在阀门关闭时，必须向阀瓣施加压力，以强制密封面不泄漏。截止阀开启时，阀瓣的开启高度，为公称直径的25%～30%时，流量已达到最大，表示阀门已达全开位置。所以截止阀的全开位置，应由阀瓣的行程来决定。

3. 截止阀的优、缺点

（1）优点

1）结构简单，制造和维修比较方便。

2）工作行程小，启闭时间短。

3）密封性好，密封面间摩擦力小，寿命较长。

（2）缺点

1）流体阻力大，开启和关闭时所需力较大。

2）不适用于带颗粒、黏度较大、易结焦的介质。

3）调节性能较差。

第2章 中 级 工 技 能

2.1 生产准备

2.1.1 交接班

交接班是交班人员与接班人员交接的过程。

1. 交接班制度

(1) 对交班人员的要求

1) 生产任务完成，交班人员准备下班前，填写好交接班记录，并检查质量记录、生产报表是否填写正确。

2) 下班前，各岗位操作人员对本岗位生产、设备、安全进行一次全面检查，将本岗位检查出的问题汇报给班长并按规程和要求积极处理。

3) 清理好工具，打扫好设备及环境卫生，清理完当班现场废料。

4) 交班人员不准空岗或中途下岗，交接班必须当面交接现场确认。

(2) 对接班人员的要求

1) 接班人员提前10分钟到达作业岗位，穿戴好劳保用品，认真听取交班人员介绍设备运转、技术质量、安全生产等情况，认真阅读交接班记录和设备运转记录。

2) 交班人员介绍完毕，接班人员认为交接清楚，在交接班记录上签名，方可进行作业。

3) 岗位交接后，对设备使用、点检维护、生产操作、事故防范全面由接班人员负责。

4) 当接班人员提出问题或认为不符合交接班要求，交班人员要耐心回答接班人员的问题，得到确认后方可接班。接班人员对交班人员不符合交接班要求时有权拒绝接班，并应向上级反映。

5) 接班后要认真确认本班生产任务并了解对完成本班任务所需的工具、器具及物料。

2. 交接班程序

(1) 交接班的内容

1) 交工艺

当班人员应对管理范围内的工艺现状负责，交班时应保持正确的工艺流程，并向接班人员交代清楚。

2）交物料

当班人员应做好现场物料的管理，交班时要物料与生产卡片相对照，向下道工序流动的物料要在交班前清理完毕，生产卡片要及时送达。

3）交设备

当班人员应严格按工艺操作规程和设备操作规程认真操作，对管辖范围内的设备状况负责，交班时应向接班人员移交完好的设备。

4）交卫生

当班人员应做好设备、现场的清洁卫生，交班时交接清楚。

5）交工（器）具

交接班时，工具应摆放整齐，无油污，无损坏，无遗失。

6）交记录

交接班时，设备运行点、巡检记录、卡片交接记录、交接班记录等，应真实、准确、整洁。

（2）交接班记录及原始记录的填写

凡是交接班记录本或原始记录报表上设计需要的信息都要进行填写，要求字迹工整、内容真实全面。

2.1.2 酸碱液、脱脂液、钝化液的配制

1. 酸液的配制

（1）配制

铜及铜合金卷材酸碱洗机列中的酸洗液普遍采用稀硫酸溶液，浓度约为5%～20%，常温即可。其具体的酸洗工艺参数根据卷材的材质、厚度、氧化程度及酸洗效果等情况可以作相应的调整。一般来说黄铜的酸洗液浓度低，而纯铜、青铜等较高。具体配制方法是：

1）首先在酸槽内加入适量的水。

2）将盛有浓硫酸的不锈钢方罐放在酸槽一侧的专用酸罐架上。

3）打开酸罐的阀门，要控制浓硫酸的流量，防止外溅伤人。

4）加好硫酸后，关闭酸罐阀门。

5）取样分析酸液浓度。

（2）补充与更换

在酸洗过程中，酸的浓度会不断下降，酸中铜离子的浓度会不断上升而导致酸洗效果下降。在实际生产中，操作人员可根据带材表面酸洗质量及时添加或更换酸液并做好记录。

在补充酸液时，必须先往酸槽加入适量水，后加入硫酸；放酸时，阀门不可开得过大，应小心缓放，防止酸液外溅灼伤人体皮肤。

酸洗白铜等氧化皮较致密的铜合金时可在硫酸溶液中加入一些强氧化剂如硝酸

等，可以改善酸洗效果。

2. 脱脂液的配制

（1）配制

1）在脱脂罐中加入去离子水，并加热到工艺规程要求的温度。

2）将脱脂剂加入脱脂罐中。

3）循环20至30分钟。

4）取样送检分析。

（2）补充

生产操作人员要按照工艺规程的要求及时送检脱脂液试样，根据送检结果，决定是否补充脱脂剂。

当罐体液位低于最低使用液位时（一般为罐体高度的2/3），应补充脱脂剂，补充脱脂剂时应停车进行。

补充步骤为：

1）向脱脂罐内加入适量的去离子水，并加热到工艺要求的温度。

2）根据补充的去离子水的量计算应补充脱脂剂的重量。

3）将脱脂剂直接加入脱脂液箱内，打循环15分钟以上。

4）取样送检分析。

（3）更换

一般脱脂液每月至少更换2次，生产过程中应及时排（刮）脱脂罐上面的浮油，操作人员可视脱脂的质量状况及脱脂液的清洁程度，适当增加更换次数，更换脱脂液时，遵循配制步骤。

3. 钝化液的配制

（1）配制

1）在钝化罐中加入去离子水，并加热到工艺要求的温度。

2）在专用容器中将≥80℃温度的水和钝化剂搅拌至彻底溶解，然后加入到钝化罐中。

3）循环20至30分钟。

4）取样送检分析。

（2）补充

生产操作人员要按照工艺的要求及时送检钝化液试样，根据送检结果，决定是否补充钝化剂。当罐体液位低于最低使用液位（一般为罐体高度的2/3）时，应补充钝化剂，补充钝化剂时应停车进行。补充水的同时必须补充钝化剂。

钝化液的补充步骤：

1）向钝化液罐补充去离子水并加热到工艺要求的温度。

2）将适量钝化剂放到专用容器中加入水温≥80℃的水中搅拌溶解。

3）将搅拌溶解后的钝化剂直接加入到钝化罐中。

4）打循环 15 分钟后方可开车生产。

5）取样送检分析。

2.2　工艺操作

2.2.1　制品的吊运

1. 常用主要吊具

吊具是用来吊运带卷的工具，酸碱洗常用吊具包括“C”型钩、钢丝绳等。

（1）“C”型钩

“C”型钩由具有专门生产资质的企业生产，产品符合国家《起重机械吊具与索具安全规程》（LD 48—1993）的要求。“C”型钩如图 1-2-1 所示。

图 1-2-1　“C”型钩

“C”型钩标识：标明制造商、生产日期、有效期、规格、载荷量等。

（2）钢丝绳

钢丝绳是采用优质碳素钢（50、60、65）经过冷拔加工和热处理等工艺制成钢丝，先将钢丝捻成绳股，然后将若干股绕着绳芯制成绳，钢丝绳由一定数量的钢丝和绳芯经过捻制而成。钢丝是钢丝绳的最基本的强度单元，绳芯是被绳股所缠绕的挠性芯棒，起到支撑和固定绳股的作用，并可以储存润滑油，增加钢丝绳的挠性。钢丝绳的规格主要由直径和长度组成。钢丝绳的制作必须符合国家安全标准。

钢丝绳用来吊运酸罐、废料、废料箱等。

2. 常用的主要转运工具

企业内常见的转运工具有桥式起重机、叉车、地平车、辊道等。

（1）桥式起重机（或称天车、行车）

桥式起重机是桥架在高架轨道上运行的一种桥架型起重机，又称天车或行车。桥式起重机的桥架沿铺设在两侧高架上的轨道纵向运行，起重小车沿铺设在桥架上的轨道横向运行，构成一矩形的工作范围，就可以充分利用桥架下面的空间吊运物料，不受地面设备的阻碍。

普通桥式起重机一般由起重小车、桥架运行机构、桥架金属结构组成。起重小车又由起升机构、小车运行机构和小车架三部分组成。桥式起重机如图 1-2-2所示。

（2）叉车

叉车必须经过专门培训，由获得驾驶资格的人员操作。叉车具有使用灵活，可

图 1-2-2 桥式起重机

跨区域使用的特点。主要参数有额定负载重量、行驶速度等。叉车如图 1-2-3 所示。

(3) 地平车

地平车用于固定区域的物料运输，通常用于厂房内不同跨度之间或衔接不同跨度桥式起重机间的运输，具有运输量大，安全性好，操作简单等特点，如图 1-2-4 所示。

按供电方式可分为拖缆式、地沟滑线式、电缆卷筒式三种。

(4) 转运工具的使用

酸碱洗生产过程中，频繁地综合使用各种转运工具转运料卷，操作者必须首先掌握有关转运工具的安全知识。

图 1-2-3 叉车

图 1-2-4 地平车

1) 桥式起重机安全使用

使用桥式起重机时，应按《起重吊运指挥信号》(GB 5082—1985) 规定的手势和哨音正确指挥桥式起重机吊运（指挥信号见基础知识部分）。

多人共同吊运重物时，必须专人负责指挥，并佩戴明显的标记（袖标），以便起重机操作人员识别；卷材挂起吊前，挂吊人员必须通知附近人员离开吊物 1.5m 以外，然后起吊；严禁作业人员和重物一起吊运。

2) 钢丝绳使用安全知识

使用的钢丝绳两根一组或一根一组的，应该等长使用，吊运时钢丝绳不得有扭绞、打结现象；吊物时，同一根钢丝绳两头的绳间夹角不宜大于 90°，起吊后，若重物不平衡，应落地重新捆扎平衡后再吊运。挂吊钢丝绳允许负荷根据使用状态（如钢绳角度）有所差别，不能一概而论，工厂应根据有关标准制定出合理的规定供操作者使用钢丝绳时参考。钢丝绳必须严格按照报废标准检查后决定能否继续使用。

3）地平车安全使用

地平车由操作工人自行操作。使用地平车前应观察轨道上及周围有无妨碍运行的障碍物，动力电缆是否有破损裸露之处，是否处于不受车轮碾轧的位置。动力滑线和滑块接触是否良好，行程开关和挡铁装置是否可靠；电缆槽或电源沟（滑线沟）内不得有积水和金属杂物，电源沟上盖板应盖好并保持整齐；轨端限位挡铁必须齐全、牢固、醒目；装卸物料时，不准任何人站在地平车轨道之内，防止吊物时带动平车前后移动造成压伤；物料装卸完后，使用者不准乘车过跨，应下车，在地平车侧面步行跟车；地平车行至终端时应提前停车，如车不到位，再点动一下即可，但不宜频繁点动，更不允许用打倒车的办法来急停车；行车中，注意电缆线的收放情况，如收线过紧，应立即停车，断电后处理；运行中如出现异常情况或有不正常声响，应立即停车，找电工、钳工处理；使用地平车，不允许超载运行；工作结束后，将车停在不妨碍其他工作的地方。

2.2.2 酸碱洗的工艺规程

工艺规程是指导生产的主要技术文件，酸碱洗的工艺规程一般包括以下内容：

（1）酸碱洗设备的主要参数及性能指标。

（2）设备工艺流程。

（3）生产前准备工作。

（4）工艺制度参数。

（5）生产工艺技术要求。

（6）工艺技术指标的检查项目及次数。

2.2.3 酸碱洗的操作

操作的基本动作是按动按钮或扳动控制手把。

1. 碱洗脱脂部分的操作

（1）启动脱脂喷淋箱的脱脂液喷淋和脱脂刷洗箱的脱脂刷辊，设定好刷辊的压下量，抬起脱脂刷辊的托辊。

（2）打开冷水喷淋箱的冷水喷淋阀门，启动热水喷淋箱的热水喷淋。

（3）带材经缝合机缝合后，要进入碱洗脱脂阶段。具体操作程序为：抬起脱脂喷淋箱前的挤干辊，被缝合料头通过后，压下挤干辊，料头进入脱脂喷淋箱，抬起脱脂喷淋箱后的挤干辊，引被缝合的料头进入脱脂刷洗箱，待料头走出刷洗箱后压下脱脂刷辊的托辊。抬起刷洗箱后的挤干辊，缝合头通过后压下，带材进入冷水喷淋箱，抬起冷水喷淋箱后的挤干辊，缝合头通过后压下，带材进入热水喷淋箱，抬起热水喷淋箱后的挤干辊，带材进入酸洗状态。

2. 酸洗部分的操作

（1）启动酸洗槽中的提酸泵，将酸液提升到酸洗槽的上半部分。

(2) 缝合头通过热水喷淋箱后的挤干辊，压下挤干辊，缝合头通过偏转辊进入酸洗槽，带材通过酸洗槽，抬起酸洗槽后的挤干辊，缝合头通过后立即压下，带材进入冷水喷淋箱，抬起冷水喷淋箱后的挤干辊，缝合头通过后立即压下，带材进入热水喷淋箱，抬起热水喷淋箱后的挤干辊，带材进入刷洗状态。

3. 刷洗部分的操作

(1) 启动冷水刷洗箱和热水刷洗箱的脱脂刷辊，设定好刷辊的压下量，抬起刷辊的托辊。

(2) 打开冷水刷洗箱的冷水喷淋阀门，启动热水刷洗箱的热水喷淋。

(3) 带材缝合头通过热水喷淋箱后的挤干辊，压下挤干辊，引领料头进入冷水刷洗箱，待料头走出刷洗箱后压下刷辊的托辊，抬起冷水刷洗箱后的挤干辊，缝合头通过后立即压下，带材进入热水刷洗箱，待料头走出热水刷洗箱后，压下刷辊的托辊，抬起热水刷洗箱后的挤干辊，缝合头通过后立即压下，带材进入钝化状态。

4. 钝化部分的操作

(1) 启动钝化液箱的钝化液喷淋。

(2) 打开压缩空气吹干装置的压缩空气控制阀门（有的酸碱洗机列配备有此装置)。

(3) 带材进入热水喷淋箱，抬起热水喷淋箱后的挤干辊，缝合头通过后压下挤干辊，带材进入钝化液喷淋箱，抬起钝化箱后的挤干辊，缝合头通过后压下挤干辊，带材进入烘干状态。

2.3 质量控制

2.3.1 卷材尺寸及表面质量

1. 卷材的尺寸

在酸碱洗生产过程中，带材的厚度和宽度尺寸是保持不变的。对卷材尺寸的检测主要是对上道工序来料尺寸的监控和互检，检验上道工序的来料尺寸是否符合生产卡片标明的生产标准的要求，是否满足工序供料标准的要求。

(1) 厚度尺寸

我国国家标准《一般用途的加工铜及铜合金板带材外形尺寸及允许偏差》(GB/T 17793—1999) 规定的板带材厚度尺寸偏差的要求见表 1-2-1 至表 1-2-4。

表 1-2-1 纯铜、黄铜冷轧板材厚度允许偏差 (mm)

厚度	宽度			
	≤400		>400～700	
	厚度允许偏差 (±)			
	普通级	较高级	普通级	较高级
0.2～0.3	0.025	0.02	0.03	0.025
0.3～0.4	0.03	0.025	0.04	0.03

续表

厚度	宽度			
	≤400		>400～700	
	厚度允许偏差（±）			
	普通级	较高级	普通级	较高级
0.4～0.5	0.035	0.03	0.05	0.04
0.5～0.8	0.04	0.035	0.06	0.05
0.8～1.2	0.05	0.04	0.08	0.06
1.2～2.0	0.06	0.05	0.10	0.08
2.0～3.2	0.08	0.06	0.12	0.10
3.2～5.0	0.10	0.08	0.15	0.12
5.0～8.0	0.03	0.11	0.18	0.16
8.0～12.0	0.18	0.15	0.25	0.20

注：需方只要求单向偏差时，其值为表中数值的2倍。

表1-2-2 青铜、白铜冷轧板材厚度允许偏差（mm）

厚度	宽度					
	≤400			>400～700		
	厚度允许偏差（±）					
	普通级	较高级	高级	普通级	较高级	高级
0.2～0.3	0.030	0.025	0.015	—	—	—
>0.3～0.4	0.035	0.030	0.020	—	—	—
>0.4～0.5	0.040	0.035	0.025	0.060	0.050	0.045
>0.5～0.8	0.050	0.040	0.030	0.070	0.060	0.050
>0.8～1.2	0.060	0.050	0.040	0.080	0.070	0.060
>1.2～2.0	0.090	0.070	0.050	0.110	0.090	0.080
>2.0～3.2	0.110	0.090	0.060	0.140	0.120	0.100
>3.2～5.0	0.130	0.110	0.080	0.180	0.150	0.120
>5.0～8.0	0.150	0.130	0.100	0.200	0.180	0.150
>8.0～1.2	0.180	0.150	0.120	0.220	0.200	0.180

注：需方只要求单向偏差时，其值为表中数值的2倍。

表1-2-3 纯铜、黄铜带材的厚度允许偏差（mm）

厚度	宽度					
	≤200		>200～300		>300～600	
	普通级	较高级	普通级	较高级	普通级	较高级
	厚度允许偏差（±）					
0.05～0.1	0.007	0.005	0.010	0.007	—	—
>0.1～0.2	0.012	0.007	0.015	0.010	0.020	0.015

续表

厚度	宽度					
	≤200		>200～300		>300～600	
	普通级	较高级	普通级	较高级	普通级	较高级
	厚度允许偏差（±）					
>0.2～0.3	0.015	0.010	0.020	0.015	0.025	0.020
>0.3～0.4	0.020	0.015	0.025	0.020	0.030	0.025
>0.4～0.5	0.025	0.020	0.030	0.025	0.035	0.030
>0.5～0.8	0.030	0.025	0.040	0.035	0.045	0.040
>0.8～1.0	0.040	0.030	0.045	0.040	0.050	0.045
>1.0～1.2	0.045	0.035	0.050	0.045	0.060	0.050
>1.2～2.0	0.050	0.045	0.060	0.050	0.080	0.070
>2.0～3.0	0.060	0.050	0.070	0.060	0.100	0.080

注：需方只需要单向偏差时，其值为表中数值的2倍。

表1-2-4 青铜、白铜带材的厚度允许偏差（mm）

厚度	宽度					
	≤200		>200～300		>300～600	
	普通级	较高级	普通级	较高级	普通级	较高级
	厚度允许偏差（±）					
0.05～0.1	0.005	—	0.010	—	—	—
>0.1～0.2	0.010	0.005	0.015	0.007	0.020	0.010
>0.2～0.3	0.015	0.008	0.020	0.010	0.035	0.015
>0.3～0.4	0.020	0.010	0.025	0.015	0.040	0.025
>0.4～0.5	0.025	0.015	0.035	0.020	0.050	0.035
>0.5～0.8	0.030	0.020	0.045	0.025	0.060	0.040
>0.8～1.0	0.040	0.025	0.050	0.030	0.070	0.050
>1.0～1.2	0.050	0.030	0.060	0.035	0.080	0.060
>1.2～2.0	0.065	0.045	0.070	0.050	0.090	0.070
>2.0～3.0	0.080	0.060	0.085	0.060	0.100	0.090

注：需方只要求单向偏差时，其值为表中数值的2倍。

（2）宽度尺寸

酸碱洗生产的卷材基本上都是供其他加工工序的，一般不需要对卷材的宽度尺寸偏差进行控制。对宽度尺寸的检验主要是检查卷材的宽度能否满足成品剪切工序的切边要求，对不能满足要求的要及时通知质检人员进行评审处理。

2. 表面质量要求

（1）严格执行工艺制度，带材表面应干燥、清洁、光亮，无氧化、水迹、酸迹、油迹，无新的划伤、擦伤、硌印。

（2）清洗过的带材表面应颜色一致。

3. 其他质量要求

（1）带卷内不得有断头。

（2）必须切掉缝合头尾。

（3）厚度等于小于 0.50mm 的带卷必须上套筒。

（4）带卷用捆带打牢，停放于料架或专用钢板上。

（5）带卷上要按照有关标识规定标识，带卷与卡片对照，卡片应完整、清洁，填写准确。

（6）带卷应卷紧、卷齐，边部无卷边、挂边，不齐度小于 4mm。

（7）带材吊运时，不允许有磕伤、边部碰伤、裂口等缺陷。

2.3.2 酸碱洗缺陷

前面已学习了酸碱洗生产过程中常见的产品质量缺陷，下面我们就针对这些缺陷分析一下它们产生的原因。

1. 表面物理缺陷产生的原因

（1）划伤

1）酸槽内的尼龙辊转动不灵活或不转动。

2）烘干箱内的辊子转动不灵活或不转动。

3）溶液喷射箱的挡水刷变形或刷子毛发硬。

（2）擦伤

1）来料卷松，开卷时开卷张力过大，造成卷材层与层之间产生擦伤。

2）带材跑偏错层。

3）S 辊转动不同步。

4）来料板型差，卷取张力给定过大。

（3）硌坑

硌坑产生的主要原因是机列的各个挤压辊、刷子托辊以及其他转动的辊子上粘有铜屑或其他硬物压在带材表面。

（4）硌包

硌包产生的主要原因是机列转动的各个胶辊表面发生起皮、掉块后压在带材表面。

2. 表面化学缺陷产生的原因

（1）氧化

1）带材表面没有进行钝化。

2）带材表面没有清洗干净，钝化效果差。

（2）水迹

1）钝化液喷射箱后的挤水辊有损伤或使用时间长表面有污物造成挤水不净。

2）带材表面残留水过多，烘干效果差。

（3）酸水迹

1）带材表面的残酸没有除净。

2）热水或钝化液被酸污染，储液罐里有一定的酸。

3）生产过程中故障停车。

（4）钝化液斑点

1）钝化液浓度高。

2）新配制的钝化液没有进行打循环或打循环时间太短。

3）钝化液配制时没有充分溶解，在钝化过程中残留带材表面所形成。

4）钝化液挤水辊表面有损伤。

（5）表面发红

1）酸液浓度过高，酸洗时间长，产生脱锌现象，脱锌严重的地方出现红色。

2）长时间酸洗紫铜类带材后再酸洗黄铜，酸液里的铜离子附着在黄铜带材表面，产生表面发红现象。

2.3.3 卷材长度重量及工序成品率的计算

根据客户合同的要求，有时需要计算卷材的长度和重量，以保证最终成品的长度和重量。在实际生产过程中，卷材的内径、外径、壁厚、宽度、厚度等数据都是可以测量出来的，而铜及铜合金卷材的密度又是一定的，因此可以根据测量到的卷材尺寸数据计算出卷材的长度和重量。

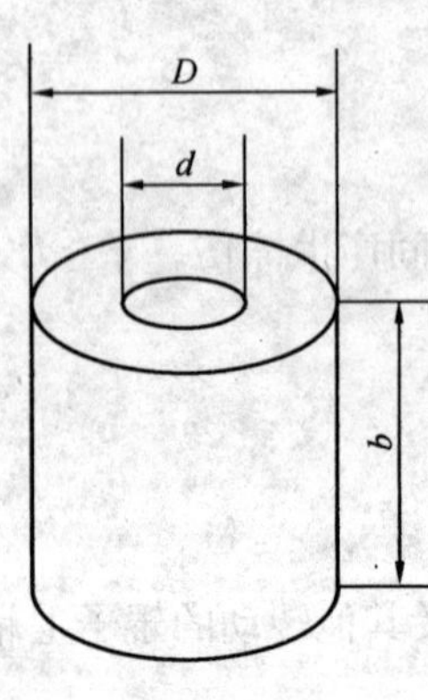

图 1-2-5

1. 卷材重量的计算

（1）计算方法一

已知卷材外径 D 或壁厚 H、内径 d 及宽度 b，计算卷材重量 G。

卷材重量 G=卷材的体积×密度=$\pi\left[(D/2)^2-(d/2)^2\right]b\rho$

【例题】 有一卷 T2 带材，内径为 500mm，外径为 800mm，宽度为 600mm，计算该卷带材的重量（T2 的密度为 8.9g/cm³）。

【解】 已知：$D=800\text{mm}=80\text{cm}$，$d=500\text{mm}=50\text{cm}$，$b=600\text{mm}=60\text{cm}$，$\rho=8.9\text{g/cm}^3$。则该卷材的重量：

$$G=\pi[(D/2)^2-(d/2)^2]b\rho=3.14\times[(80\div 2)^2-(50\div 2)^2]\times 60\times 8.9$$
$$=1634841(\text{g})=1634.841(\text{kg})$$

该卷材的重量为 1634.841kg。

（2）计算方法二

已知卷材长度 L、宽度 b 及材料厚度 h、卷材的密度 ρ，计算卷材重量 G。

$$卷材重量\ G = 卷材的体积 \times 密度 = hbL\rho$$

【例题】 有一卷 H62 带材，内径为 500mm，带材厚度为 1.0mm，宽度为 600mm，带材的长度为 500m，计算该卷带材的重量（H62 黄铜的密度为 8.4g/cm^3）。

【解】 已知：L=500m=50000cm，h=1.0mm=0.1cm，b=600mm=60cm，ρ=8.4g/cm^3。则该卷材的重量：

$$G = hbL\rho = 0.1 \times 60 \times 50000 \times 8.4 = 2520000(\text{g}) = 2520(\text{kg})$$

该卷材的重量为 2520kg。

2. 卷材长度的计算

（1）计算方法一

已知卷材外径 D 或壁厚 H、内径 d、厚度 h 和宽度 b，计算卷材长度 L。

根据体积不变定律：卷材的体积=卷材展开后的体积，即：

$$\pi[(D/2)^2 - (d/2)^2]b = hbL$$

则：

$$卷材长度\ L = \pi[(D/2)^2 - (d/2)^2]/h$$

【例题】 有一卷 H62 带材，内径为 500mm，壁厚为 100mm，带材厚度为 0.5mm，宽度为 600mm，计算该卷带材的长度（H62 黄铜的密度为 8.4g/cm^3）。

【解】 已知：d=500mm=50cm；h=0.5mm=0.05cm，b=600mm=60cm，ρ=8.4g/cm^3。该卷材的外径

$$D = 2 \times 壁厚 + 内径 = 2H + d = 2 \times 100 + 500 = 700\text{mm} = 70\text{cm}$$

则该卷材的长度：

$$L = \pi[(D/2)^2 - (d/2)^2]/h = 3.14 \times [(70 \div 2)^2 - (50 \div 2)^2] \div 0.05$$
$$= 37680\text{cm} = 376.8(\text{m})$$

该卷材的长度为 376.8m。

（2）计算方法二

已知卷材重量 G、材料厚度 h、卷材的密度 ρ，计算卷材长度 L。

根据体积不变定律：卷材的重量=卷材展开后的重量，即：

$$G = hbL\rho$$

则：

$$L = G/hb\rho$$

【例题】 有一卷 T2 带材，内径为 500mm，厚度为 1.2mm，宽度为 600mm，重量为 2000kg，计算该卷带材的长度（T2 的密度为 8.9g/cm^3）。

【解】 已知：h=1.2mm=0.12cm，b=600mm=60cm，ρ=8.9g/cm^3，G=2000kg=2000000g。则该卷材的长度：

$$L = G/hb\rho = 2000000/0.12 \times 60 \times 8.9 = 31211(\text{cm}) = 312.11(\text{m})$$

该卷材的长度为 312.11m。

3. 工序成品率的计算

工序成品率反映了该生产工序的质量状况。工序成品率越高，说明工序质量控制状况越好；相反工序成品率越低，说明工序的质量控制状况越差。

$$成品率=\frac{成品量}{投料量}\times 100\%$$

(1) 单批次带材工序成品率的计算

【例题】 一卷 H65 带材，酸碱洗工序的投料重量为 4000kg，酸洗后因划伤报废 300kg，切头尾 30kg，计算该工序的成品率。

【解】 该批次带材通过该工序后的成品重量为：

成品量＝4000－300－30＝3670（kg）

$$该批次带材的工序成品率=\frac{3670}{4000}\times 100\%=91.75\%$$

(2) 月度工序成品率的计算

一般衡量一个工序产品质量控制的优劣，多是以月度为一个衡量期。那么月度工序成品率的计算方法举例如下：

【例题】 一个酸碱洗工序，2 月份共计投料 3000t，因本工序质量缺陷造成报废 60t，工序几何损失 10t，计算该工序月度成品率。

【解】 该工序 2 月份生产成品重量为：

成品量＝3000－60－10＝2930（t）

则：2 月份该酸碱洗工序的工序成品率$=\frac{2930}{3000}\times 100\%=97.67\%$。

2.4 设备维护

2.4.1 设备的工作原理

带材在酸碱洗设备上经过了表面脱脂清洗除油，表面酸洗消除氧化、腐蚀，表面钝化和烘干的过程，其设备各部位的工作原理是：

1. 脱脂系统

表面脱脂（碱洗）是酸碱洗机列中最重要的部分之一。有色金属板带材生产采用表面脱脂是改善产品质量、提高抗蚀能力的一项有效措施。在铜板带材的轧制生产过程中，使用的润滑剂，如乳液、轧制油等残留在带材表面上，这些残留的油膜，在酸洗工序后会留下形如云状的“污物”，不仅严重影响了产品的外观，而且加剧了金属表面的腐蚀。因此，酸洗前进行脱脂处理，可以获得高光亮度的铜材表面质量。

酸碱洗设备的脱脂系统是由脱脂液喷淋箱和脱脂刷洗箱、脱脂储液罐、冷水清洗箱、热水清洗箱以及间隔挤压辊等部分组成。

其工作原理是：在脱脂液喷淋箱的箱体内上下各分布着一组或几组喷嘴，带材通过时，由喷嘴将脱脂液（碱液）喷淋在带材表面上，借助脱脂液（碱液）的化学作用，对带材表面的油脂和污物进行清除和净化。脱脂喷淋箱是封闭的，在使用过程中防止脱脂液（碱液）流失。脱脂刷洗箱是由喷嘴和一对尼龙辊刷及辊刷的托辊构成，目的是对带材表面进行进一步的脱脂处理。带材经过脱脂液喷淋箱冲洗后进入脱脂刷洗箱，在刷洗箱内，高速转动的辊刷对带材表面进行刷洗。辊刷可以通过调整压下量来调整刷洗效果。在刷洗箱内，脱脂液是通过喷嘴喷射在辊刷与料表面接触的部位，一方面是为了提高辊刷的刷洗脱脂效果，另一方面也是对辊刷进行冷却和保证辊刷与铜带表面的润滑，防止辊刷摩擦发热烧损。刷洗完的带材还要经过冷水喷淋箱和热水喷淋箱进行清洗，防止带材表面残留脱脂液，同时对带材进行加热，提高酸洗效果。

2. 酸洗系统

铜带表面清洗主要包括中间热处理或热轧后的蚀洗以及成品剪切前的表面清洗等。

铜及铜合金易氧化，在加热及热处理以后，表面生成一层氧化物。氧化铜（CuO）呈黑色，氧化亚铜（Cu_2O）呈红色，这些氧化物不仅影响产品的表面质量及使用性能，而且由于其本身又脆又硬在继续进行轧制时，极易损伤辊子表面。在制品轧制过程中，以乳液为冷却润滑的轧机轧制出的带材，由于乳液原因或生产安排不及时，带材表面会出现乳液腐蚀问题。所以，制品表面氧化不仅在成品加工前，而且在中间加工工序之间，也必须加以清除。酸洗时，酸与氧化物发生化学作用，将氧化物完全溶解掉，金属本身不受损失或受很少损失，从而达到表面清洗的目的。

酸碱洗设备的酸洗系统，也是酸碱洗机列的重要组成部分之一。目前在酸碱洗机列上应用最多的酸洗方法是浸泡通过式。它的结构是由一个酸洗槽组成。酸洗槽分为上下二层，下层储酸，上层进行酸洗，带材从酸液中通过。其工作原理是：在酸槽内，下层的酸液通过提酸泵打入上层酸槽，并不停地进行冲洗带材表面，上层的酸液通过溢流孔回流到下面的储酸槽中，通过酸液与带材表面的氧化物的化学作用，达到对带材表面进行酸洗的目的。由于酸洗槽内的酸液是不断流动的，所以其酸洗的效果好于传统的浸泡通过式结构。

3. 冷水、热水刷洗系统

带材酸洗后，要经过冷水喷射箱将带材表面的残酸进行清除，然后进入冷水刷洗和热水刷洗，以进一步对带材表面进行清刷和研磨抛光。

冷水、热水刷洗系统是由两套刷洗箱和热水储液罐组成，其结构形式和工作原理与脱脂刷洗箱一样。区别在于冷水刷洗箱和热水刷洗箱的喷淋溶液是冷水和热水；辊刷采用的是带磨料的研磨辊刷。

4. 钝化系统

钝化是通过采用化学试剂使材料表面形成致密保护层，防止铜材表面氧化变色的一种处理方法。大家都知道，经过酸碱洗的带材表面得到了显著的改善，但在通常情况下，经过酸碱洗处理的铜及铜合金带材，往往会受存放条件、环境温差、湿度、存放时间的影响，带材表面出现氧化变色现象，因此，对酸碱洗后的带材进行钝化处理，防止铜带表面氧化变色对铜及铜合金板带材生产和质量控制是非常关键的。

酸碱洗机列的钝化装置是由钝化液箱体和箱体内上下各分布着的一组或几组喷嘴组成。其工作原理是：循环使用的钝化液采用喷淋方式与通过钝化液箱的铜带进行反应，表面形成钝化膜，以达到防锈的效果。

5. 烘干系统

烘干系统一般由一对高效挤水辊、带有加热器和循环风机以及抽吸风机的烘干箱组成。它的工作原理是，钝化后的带材经过高效挤水辊挤去带材表面的水分，有的机列上还加装了“吹风”装置，用“风力”吹干，然后再进入烘干箱，通过烘干箱内的循环热风对带材表面进行烘干处理，彻底保证带材表面干燥。

2.4.2 设备的维护

1. 设备检查

为避免设备在运行中发生意外事故，保证设备的正常运行，生产操作人员必须在设备开机前、运行中、停机后对设备进行检查。检查形式主要是设备的点检和巡检。一般常规检查的内容有：

(1) 开机前的检查与准备

1) 设备运转开始前必须确保所有挤压辊、托辊及“S”辊辊面洁净。

2) 检查各部位润滑点情况是否良好。

3) 检查各连接部位的滑动底座是否良好。

4) 检查各制动装置和安全装置的螺栓、安全罩是否正常。

5) 检查各部螺栓是否松动。

6) 检查各控制手柄及开关是否完好、灵活可靠，位置是否正确。

7) 检查减速机、液压泵站、储液箱的液位是否正常。

8) 检查液压及风动系统功能是否正常，液压系统是否漏油，冷却水是否已打开。

9) 检查刷洗箱喷水系统是否正常。

10) 检查烘干箱风机工作是否正常。

(2) 设备运行过程中

1) 先空转5分钟，进行空转试车，观察设备的运转情况是否有异常现象，检查设备在低速、高速工作状态下各部件运转是否正常，各控制装置是否灵活可靠。

2) 确认设备一切正常后，方可开始有负荷生产。

3) 在操作过程中，随时观察设备运行情况，发现问题及时停车，采取措施予以排除。

4) 设备运行时，检查各储液罐液位是否正常，液压油、压缩空气等有无泄漏现象并及时处理。

5）经常检查传动齿轮、连接轴、轴承的温升和冷却水是否畅通以及泵站温度变化。

6）各运转机构不准有过大噪声，轴承温度不得超过60℃。

（3）设备停机后注意事项

1）所有操作杆和按钮要回到原始位置，要断电、断油、停风、停水。

2）检查各部件有无不正常的磨损、损坏和松动现象，有问题必须及时处理或上报领导。

3）发现漏油、漏水等及时处理。

4）清扫设备和工作现场，做好当班设备维护记录。

（4）设备清洁

设备的卫生对产品的质量、现场的整洁起到很重要的作用，因此需建立设备定时清洁制度，如每班下班前对现场卫生进行清扫，尤其是废料区域，保证干净整洁、无杂物；每周停机对设备上的粉尘和污垢进行清洁，对管道的堵塞进行清理；每月检修时对设备进行彻底清洁，主要包括各个储液罐、溶液喷淋箱，设备外露部分，各大小地坑，保证清洁，无灰尘、油迹、积水等。

第3章 高 级 工 技 能

3.1 生产准备

3.1.1 生产准备

1. 开车前准备

(1) 了解上班情况

根据上一个班的交班情况，对设备运行情况、产品质量状况进行现场确认，检查是否存在影响人身安全、设备安全和产品安全的因素，若有就找相关方处理后再生产。

(2) 对主要工具、量具、器具进行检查确认

准备好作业用的所有辅助材料及工具、量具、器具，包括捆带，手工剪刀、电剪、卷尺、千分尺等。工具、器具完好是生产合格产品的先决条件，常用工具应先试一试能否正常使用，再放置到指定位置，以方便使用。常用量具使用前应先确认是否在检定周期范围内，再确认是否干净、有无变形及其他影响测量的缺陷，千分尺使用前应检查刻度能否回零，确认其完好。

(3) 设备的点检

开机前应做好点检工作，并做好记录。点检按下列顺序进行：开卷机上料小车→开卷机→切头剪→缝合机→脱脂刷洗→冷热水喷射箱—酸槽—冷热水刷洗—热水喷射—钝化喷射箱→挤压辊→干燥箱→S 辊→切头剪→卷取机→卷取机卸料小车→液压泵站→碱液循环系统→热水漂洗循环系统→钝化循环系统。

2. 运转准备

(1) 确认碱液、酸液、热水、钝化液的浓度、液位、温度和液体质量是否合适。

(2) 根据要酸洗的带卷的生产卡片，校对牌号、批号、规格确认工艺规程，按照规定做好产品标识和检验状态标识，不合格品应加以隔离，保证标识不明的产品或不合格品不投入使用或转入下道工序。

(3) 按照生产卡片及工艺要求开始生产。

3. 在停车情况下的准备工作

(1) 根据停车时的交班记录，对设备运行情况、产品质量状况进行现场确认，检查是否存在影响人身安全、设备安全和产品安全的因素，若有就找相关方处理后

再生产。准备好作业用的所有辅助材料及工具、量具、器具，包括捆带，手工剪刀、电剪、卷尺、千分尺等。确认工、器具完好，能否正常使用，放置到指定位置。

（2）打开压缩空气阀门，打开生产水阀门，接通电源。

（3）确认脱脂液箱液位、浓度、液体质量，打开脱脂液加热器加热，脱脂液温度控制在工艺规程规定的范围之内。

（4）酸槽内酸浓度保持在工艺规程规定的范围之内。

（5）确认热水箱液位和水清洁程度，打开加热器加热，热水温度控制在工艺规程规定的范围之内。

（6）确认钝化箱用去离子水配置的钝化液液位、浓度和清洁程度，打开加热器加热，钝化液温度控制在工艺规程规定的范围之内。

（7）接通循环风机，排气风机，打开干燥箱加热器，温度控制在工艺规程规定的范围之内。

（8）接通液压泵站。

（9）当各液体温度达到要求时，打开碱洗，水漂洗，钝化循环泵。

（10）进行设备点检。

（11）逐部位空负荷手动试车。

3.1.2 酸碱配制中的注意事项

1. 酸液配制中异常情况的处理

（1）酸液从酸槽中溢出

1）现象

硫酸溶液配制后，在开车试车时，应密切关注酸槽内硫酸的液位情况，如果在酸泵启动后，槽内的酸液液位发生异常，可能会从酸槽中溢出。

2）处理

发生酸液溢出时，操作人员不要惊慌，应立即停止酸泵工作，待酸液回到酸槽下层箱体内后，检查酸槽上箱体的溢流孔上方是否被异物堵塞。如溢流孔处没有发现异物，则说明是溢流孔太小，应移动溢流孔上的挡板，将溢流孔增大。溢流孔的大小以能保证酸液处于正常工作液位为准。

（2）酸液跑漏

1）现象

酸液配制过程中，有时会发生跑漏现象，造成生产现场污染。

2）处理

检查酸罐的放酸阀门是否关紧，如阀门没有关紧，应立即关紧。如果是阀门损坏或关不紧，则应立即将罐中硫酸倒换到另一罐中。对跑漏到地面上的硫酸应迅速撒上碱进行中和处理。

2. 酸碱配制中的注意事项

(1) 配制和补充酸液时，必须先往酸槽加入适量水，后加硫酸；酸罐向酸槽内放酸时，阀门不可开得过大，防止外溅伤人。

(2) 配制和补充脱脂碱液和钝化液时，必须使用去离子水，且去离子水要达到工艺要求的指标，更换溶液时必须首先清理溶液箱、喷嘴、喷箱，箱壁、箱盖必须刮去结垢。

(3) 钝化液配制或补充时，不能直接把固体钝化剂直接倒入储液罐中。

3.2 工艺操作

3.2.1 人机对话界面的操作

目前的酸碱洗设备的操作系统基本都配备有人机对话触摸式操作界面，使实际操作更简单，更快捷，更方便。在开卷操作台、卷取操作台都配有人机对话操作界面来控制机列的运转。一般控制界面为触摸屏形式。

1. 酸碱洗机列人机界面的内容

主界面一般包括：监控界面；参数设置；故障信息。

1) 监控界面

显示：①机列运行；②温度显示；③刷辊电机电流显示。

2) 参数设置

显示：①带材属性；②温度设置；③刷辊压下量设置。

3) 故障信息

显示：所有故障信息

2. 人机对话界面的操作

(1) 进入监控界面

1) 点击机列运行，进入后显示：当前开卷、卷取张力，机列速度的实际值。点击回车可返回机列运行。在此界面中，点击前后张力设定，可对张力及速度进行重新设置。

2) 点击温度显示，进入后显示：各罐体溶液的当前温度，点击返回回到温度显示。在此界面中，点击温度设置，可对各罐体溶液及烘干箱的温度进行重新设定。

3) 点击刷辊电机电流显示，进入后显示：当前刷辊压下量，压下量为百分比。点击返回可回到刷辊电机电流显示。在此界面中，点击压下量设置可对刷辊压下量进行重新设置。如重新设置压下量，需到主操作台将刷辊解锁，即可自动调整到所设定的压下量。

(2) 进入参数设置界面

1) 点击带材属性，进行界面设置：设定来料的料宽、壁厚，点击返回可回到带材属性界面。

2）点击温度设置，进行界面设置：设置各罐体内溶液及烘干箱的温度，可点击温度显示察看实际温度，也可点击返回回到温度设置界面。

3）点击刷辊压下量设置，进行界面设置：设置刷辊压下量。在开卷操作台、卷取操作台设置时，需到主操作台对刷辊进行解锁操作，开车时刷辊回到自动下压。

（3）进入故障信息界面

设备出现故障时，点击故障信息进入后，可显示所有故障信息。

3.2.2 刷洗箱刷辊的调节

碱液脱脂刷洗、冷热水刷洗过程是酸碱洗机列的关键，其刷辊压下量调节的多少，直接影响到带材的表面清洗质量。刷洗箱刷辊的压下量可以手动调节及单体试车，操作在主操作台进行。在机列运行情况下，先手动解锁，再手动微调上升或下压来调整刷辊压下。也可根据电流显示或物料表面来判断清洗效果，可两人操作，一人看表面，一人手动调整，调整到位后，手柄归零位并锁紧刷辊，防止其自动调节。

3.2.3 运转过程中的操作

在设备运转过程中，操作人员主要是对生产过程中带材的质量状况和设备运行情况进行监控，发现问题及时处理。主要有：

（1）来回巡视设备运转情况，监控带材清洗效果以及各工艺参数。

（2）检查刷辊电流值，液位是否符合要求，防止溶液意外跑冒。

（3）时刻注意来料表面质量、裂边、断头等情况，发现裂边要对裂边处进行修理，防止生产过程中造成断带。

（4）严格执行工艺制度，时刻监控清洗后的带材表面质量，如发现带材酸洗不符合要求，立即采取必要措施进行处理，并在不合格处做记号，且在生产随行卡片的工序质量状况表中注明。如出现较为严重的质量问题，应及时通知质量管理部门，按照质量管理控制程序的要求，进入评审程序。

（5）在设备运行过程中，发现可能造成重大设备、人身、质量事故时，应按照操作规程的要求，迅速按下紧急（事故）停车开关，保证安全。在每一个操作台上都会设置有紧急（事故）停车开关。

3.2.4 溶液循环系统的工作原理

图 1-3-1 为酸碱洗机列设备溶液循环系统的工作原理示意图。在生产过程中，溶液通过水泵沿管道被送到喷淋箱或刷洗箱中，喷淋在带材表面，然后喷淋箱的溶液沿箱体底部的回流管道回流到过滤器，经过滤后的溶液再回到储液罐内循环使用。储液罐内装有加热器对溶液进行加热，使溶液保持在工艺要求的温度范围内。当需要更换溶液时，将储液罐底部的放水阀打开，溶液会排放到相应的水处理系统

中。去离子水则可打开储液罐顶部的进水阀流入储液罐。冷水喷淋箱和刷洗箱的冷水一般采用的都是常流水，直接由水泵加压输送到喷淋箱和刷洗箱，通过箱体内的喷嘴喷出，使用后直接排入水处理系统中。

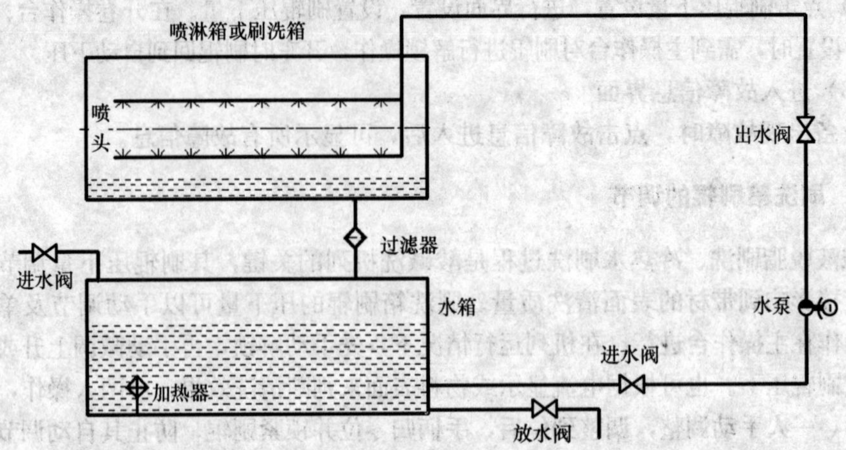

图 1-3-1　溶液循环系统的工作原理示意图

3.3　质量控制

3.3.1　表面物理缺陷的消除

酸碱洗工序质量控制的主要方面是产品的表面质量。通过前面的学习，我们已掌握了酸碱洗生产过程中常见的产品质量缺陷和缺陷产生的原因，针对酸碱洗工序产生的缺陷，应采取相应的消除措施。

1. 划伤

(1) 更换酸槽内转动不灵活或不转动的尼龙辊。

(2) 更换烘干箱内转动不灵活或不转动辊子的轴承。

(3) 更换溶液喷射箱变形或刷子毛发硬的挡水刷。

(4) 清理机列上的铜屑或杂物。

2. 擦伤

(1) 根据来料的情况，合理选择开卷机的开卷张力，避免卷材层与层之间产生擦伤。

(2) 及时调整机列对中装置，保证带材缠齐。

(3) 料卷在开卷机上料时要上到正中位置。

(4) 处理S辊转动不同步的故障。

3. 硌坑

及时清理机列的各个挤压辊、刷子托辊以及其他转动的辊子上粘有的铜屑或其他硬物。

4. 硌包

更换表面发生起皮、掉块的胶辊。

3.3.2 表面化学缺陷的消除

1. 氧化

(1) 检查钝化装置的钝化液阀门是否打开。

(2) 清理钝化液喷淋箱的喷嘴。

(3) 增加酸液和脱脂液浓度，提高清洗效果。

(4) 对钝化液取样进行分析，检查浓度是否过低。

(5) 及时补充钝化剂。

2. 水迹

(1) 清理钝化液挤水辊表面。

(2) 更换钝化液挤水辊或对挤水辊进行磨削。

(3) 提高烘干箱烘干温度。

(4) 调整挤水辊两端风缸压力，保证挤水辊处于水平位置。

3. 酸水迹

(1) 更换损失的酸槽后的挤酸辊。

(2) 对污染的储液罐进行清理，更换热水和钝化液。

(3) 避免在带材中间停车，如必须停车，应在料头部位停车。

4. 钝化液斑点

(1) 补充去离子水，降低钝化液浓度。

(2) 新配制的钝化液按照工艺规程的规定时间进行打循环。

(3) 配制钝化液时，钝化剂要用热水稀释及充分搅拌溶化后再倒入储液罐。

(4) 钝化液挤水辊表面有损伤时及时进行更换。

5. 表面发红

(1) 降低酸液浓度，提高酸洗速度。

(2) 长时间酸洗紫铜类带材后再酸洗黄铜时，要补充酸液和水或更换酸液。

3.4 设备维护

3.4.1 设备故障的基本判断

当设备出现故障时，总是会出现一些异常的现象或发出异常的响声，因此，可以通过眼观、耳听、触摸等方法对设备故障进行初步判断，找到异常现象、异常响声和发热的部位后，再进行进一步的检查、分析，就能发现设备的故障所在。具体方法是：

1. 眼观

通过查看设备零部件有无变形、裂纹、脱落、弯曲等故障；观察设备动作时有无动作不平稳、不灵活、转动线速不均匀、不正常位移等故障；查看制动器、离合器、行程开关动作是否灵敏、可靠；查看油缸是否漏油；查看各生产工艺控制要素是否达到要求、各辊刷的电流波动是否正常等都可以判断设备故障。

2. 耳听

通过听设备动作是否发出异常的响声可判断故障，风动系统也可通过听响声判断有无泄漏。

3. 触摸

设备运行一段时间后，可停机触摸轴承座外面，感觉其温度，温度过高，可判断轴承故障，发生该故障时，一般同时伴随着异常响声，减速箱的故障也可通过触摸其外壳查找，如发现温度过高，也应通知相关部门检查、处理。

3.4.2 设备一般故障

设备常见故障产生原因及处理方法见表 1-3-1。

表 1-3-1　设备常见故障产生原因及处理方法

序号	常见故障	故障产生原因	处理方法
1	刷子轴承损坏	正常损坏和缺油磨损	抽刷子更换轴承
2	刷子轴螺丝坏	频繁启动冲击	抽刷子处理断螺丝并更换
3	挤压辊轴承损坏	正常损坏和轴承质量	拆挤压辊更换轴承
4	挤压辊辊面脱胶	挂胶质量差，料头碰撞	更换新辊子
5	开卷机、卷取机振动	交叉轴承磨损、间隙过大	更换新轴承
6	液压系统不动作	油被污染，油温过高	打循环过滤，清冷却器
7	液体温度低	加热元件损坏	更换加热元件
8	提酸泵轴弯	酸槽内有杂物	清理杂物
9	提酸泵电机轴承坏	酸雾腐蚀	更换轴承
10	加热器不加热	加热器电阻器损坏	更换加热器电阻器
		温控装置损坏	更换温控装置
11	温度指示失控温度偏高	可控硅生锈	更换可控硅
		热电阻老化断开	更换热电阻
12	温度指示失控温度偏低	加热功率变小：加热器问题	更换
		热电阻问题：进水	除水
13	刷子有信号不动作	阀头接触不良，阀芯堵	清洗阀芯

3.4.3 酸碱洗设备异常停车的原因

在生产过程中，有时设备会突然停车，造成产品质量缺陷。设备异常停车的原因较多，主要是以下几种：

（1）开卷机与卷取机的张力设定不均匀，造成前张力小于后张力。

（2）开卷机、卷取机、S辊的变频器出现故障。

（3）设备跳电。

（4）PLC控制系统和操作台上的24V电源出现故障。

（5）人为按下紧急停车开关，或因酸雾腐蚀造成紧急停车开关接触不良。

3.4.4 设备调试

在设备正常停车或设备修理后，初次开车生产时，都要对设备进行试车和调试。

1. 单体设备的空负荷试车

开车生产前，能独立控制的各个单体设备要进行空负荷试车。通过对设备单体逐一空负荷的低速试车检查确认无问题后，才能机列联动试车。如发现存在问题，则及时通知相关部门处理。在试车过程中，操作人员应注意观察以下几个方面：

（1）各单体设备的运转动作是否与操作台标示的运转方向相符。

（2）设备运行是否平稳、灵活，有无卡、啃、撞击等异常现象。

（3）运转速度是否正常。

（4）设备有无异常振动和噪声。

（5）油缸、汽缸动作时有无泄漏。

（6）动作过程中，各制动器、离合器等是否灵敏可靠。

2. 设备空负荷试车的程序

（1）试车前的检查

1）核实交接班或检修记录，做到交接班及检修记录齐全、准确。

2）清理好现场，消除不安全因素。

3）安全防护和限位装置齐全、完好。

4）各减速机油箱等润滑、液压系统按规定油位符合设备维护规程的要求。

5）各管路畅通，没有堵塞现象。

6）各连接部位连接完好。

7）各转动部分没有障碍物件。

（2）空负荷试车

1）各部位运转无噪声、振动，动作灵活，无卡阻现象。

2）润滑良好，油路没有堵塞和漏油现象。

3）各连接件连接紧固、牢靠。

4）各轴承温升正常。

5）各刷辊压下装置指示准确。

6）人机对话操作触摸屏显示正常。

3.5 培训指导

员工的职业培训，就是在生产过程中，企业有目的、有计划、有组织地培训员工的劳动技能和熟练技巧，传授科学技术知识和企业管理知识，是终生教育的重要阶段，是一种职业性质的教育。

3.5.1 培训、指导的意义与方法

1. 培训、指导的意义

培训指导是把操作培训现场教学化，把理论知识和实际操作技能与生产相结合的教学方法。它把教学安排在车间生产现场的生产操作岗位上，是以酸碱洗产品的实物和实际生产、操作工艺，结合酸碱洗理论知识的内容对员工进行培训指导。这种将实际操作与理论知识联系在一起，通过生产现场以岗位技能交流的方式，用以提高酸洗工的操作技能水平的方法是非常适合企业职工的现实情况的。在进行现场培训指导过程中，要遵循由浅入深、由易到难、由简单到复杂循序渐进的规律，提高培训质量。培训要突出三个特点：第一，既要有一定的理论性，更要注重实践性；第二，既要有针对性，更要注重通用性。第三，必须要务求实效。

2. 培训、指导的方法

（1）现场讲解

根据学员的技能等级不同和工作要求不同，在生产现场对一个或多个产品的技术、工艺要求和生产时容易产生的问题进行重点分析，或对某个工序的操作过程进行解析，特别是对操作的重点、要点、难点进行较详细的分析和讲解。

（2）现场操作示范

在生产现场操作岗位上，用正确规范的操作示范，将正确的操作手法、操作技能、操作技巧传授给学员。在现场操作示范过程中，说明主要步骤，突出每个关键点，讲解每个主要步骤和关键点的理由，可手把手地进行讲解、示范，并鼓励学员提问，这一点对初级工的学员尤为重要。

（3）集中授课

主要是用于理论培训和缺陷分析等的培训。集中授课要编制出相应的教学计划，包括培训等级、培训期限、培训内容、培训场地、培训课时等。

3.5.2 培训内容

酸洗工培训的内容必须符合《酸洗工职业标准》对理论知识和实际操作内容的要求，同时也可结合本企业所生产的产品、材料、工艺、设备等具体内容加以补充。通过培训，系统化地传授铜及铜合金带材酸碱洗的工作原理以及生产实践经验的总结，使员工对带材酸碱洗工序有一个系统化的认识和了解，对酸碱洗工艺过程有一个全新的理解。

培训的内容必须符合客观实际，不能把没有定论的东西教给学员。授课者应该认真备课，对教程有深刻的理解，按教程内容认真讲解，不要脱离教程内容，随意或毫无根据地对教程进行引申和发挥。

3.5.3 理论知识培训要求

1. 要安排好教学计划

安排好教学培训计划，做好教学前的准备工作与理论培训结合，有组织、有计划地进行操作培训，是保证培训质量的基本要求。做到定时间、定内容、定进度、定要求，有练习、有考核。

2. 要循序渐进，由易到难

培训教学的过程必须有严密的系统性，做到循序渐进。只有遵守循序渐进的原则，才能使学员有条理、有系统地掌握学到的知识。因此，教学过程中应以教程为中心，化繁为简，由简到繁，由易到难。为了巩固学到的知识，课堂上除讲新课外，还要做好重点复习提问，检查学员掌握已学知识的程度，从中给学员一定的提示，课后可以适当布置一定的作业练习，但是这样的练习不宜简单和过多重复，还要精心组织复习，将学到的知识加以巩固。

教学必须使学员明确学习的目的、意义，培养学员对酸碱洗知识学习的兴趣，自觉地、积极地参加职业培训，使学员在追求知识、渴望学习的状况中去独立思考，真正理解学习的内容，做到融会贯通。

3. 要与生产实际相结合，联系实际授课

联系实际授课是培训的基本要求。将所学到的理论知识运用到酸碱洗生产实际中去和在实际生产中运用理论知识去分析问题、解决问题是培训的关键。只有理论与实际结合，才能使学员有学习的愿望，有学习的自觉性和积极性，并且有利于学到知识。只有理论与实际结合，才能培养学员的工作能力。

与生产实际相结合，联系实际授课，主要是结合本企业的产品或有代表性的产品的技术要求、质量要求，针对重点，进行客观的工艺分析，明确产品工艺的特点或要求，讲授生产工艺的制定过程、产品产生缺陷的原因以及如何降低酸碱洗废品率的方法。在培训中，可以让学员自己去做并自行纠正差错；让学员边做边解释主要步骤，自己做好及时辅导。还可以将生产中常见的不正确、不规范的操作，向学员讲明道理，给予纠正，使之加深对规范操作的理解并在今后的生产中正确运用。

4. 要注重产品质量的教育，提高操作人员工序质量管理技能

在生产过程中，造成酸碱洗产品缺陷的原因来自各个方面，有来料、设备、工艺、人员操作、不同产品的控制要求等，并且经常互相影响。因此，在培训过程中，要认真分析引起酸碱洗产品质量缺陷的原因，找出纠正和预防措施，从生产过程质量控制的角度，引发学员学习的兴趣和自觉性，这对提高学员的技能水平和分析能力是十分有益的。

5. 要加强对现场生产的安全教育，提高操作人员的自我防范意识和技能

酸碱洗的生产现场是一个易发事故的场所，设备高速运转且多为转动部件，如卷取机，辊子的转动，上料、卸料小车，运动中的带材，硫酸溶液等容易出现伤害事故。因此，必须加强生产防护用品的穿戴、设备的安全操作及现场事故的处理等安全教育，特别是对新进酸碱洗线生产的员工尤为重要。

第4章　技师技能

4.1　工艺操作

铜及铜合金高精度、高难度卷材一般指表面质量要求相对较高或达到设备极限规格以及薄规格软状态的带材，如集成电路用IC框架材料带材、紫铜类电镀用铜带、黄铜端子带、0.20mm以下紫铜软带等。

4.1.1　表面质量要求较高带材的清洗

1. 加工特点

对于高精度的表面质量要求相对较高的产品卷材，在酸碱洗过程中，表面质量控制的难度相对来说是非常大的，极易产生擦划伤等缺陷。这类产品一般表面光洁度都比较高，产品标准要求比较严，轻微的擦划伤都可能造成产品的不合格。

2. 表面质量的影响因素

在酸碱洗过程中，影响这类表面质量要求相对较高的铜及铜合金带材产品表面质量的因素也非常多，主要有：

（1）轻微的擦伤

擦伤一般包括：纵向短道擦伤、横向短道擦伤、层与层之间的擦伤等类型。

（2）轻微划伤

轻微的划伤是指在带材的表面略有手感的划伤。

（3）亮印

（4）色差

（5）斑点

（6）卷齐度

3. 如何实现带材的高精度清洗加工

（1）选择合理的工艺参数，如：张力、刷辊刷洗电流、清洗速度等。要根据清洗的合金厚度规格、表面质量要求、产品状态等合理调整工艺参数，实现高精度的表面清洗。

（2）刷辊的选择及调整

1）刷辊压下量。选择较小的刷辊压下量，减少带材表面的刷印，可提高表面光洁度，减少表面擦伤印痕。

2）合理配置不同清洗刷辊的压下工艺参数，典型的酸碱洗机列一般都配置有三对刷辊，即：脱脂刷、冷水清洗刷、热水清洗刷。三对刷辊的工艺参数合理配置，会使带材表面清洗后光洁度更高。

3）选择比较适合高精度带材清洗的清洗刷辊。在清洗过程中，高速旋转的刷辊在反向压辊支撑及大量清水冲洗下，均匀、稳定地磨光带材表面，可以达到相当高的表面质量。根据不同合金品种、表面状态、产品状态，选择合适的刷辊线径、磨粒目数和软硬程度以确保刷洗效果。对于高精度表面要求的带材，在刷辊选择上可以选择高目数、硬度相对较低的刷辊。

4.1.2　设备极限规格带材的清洗

1. 加工特点

对于厚度达到设备极限规格的铜及铜合金带材，在酸碱洗过程中，由于带材厚度较厚，特别是硬状态、特硬状态的合金，强度、硬度较高，开卷易松卷，弹性大，对挤水辊的压力要求高，在生产过程中易产生擦划伤缺陷以及洗不净、水迹等问题，质量控制的难度较大。

2. 表面质量影响因素

这类产品在酸碱洗过程中，影响质量的因素主要有：

(1) 划伤

(2) 擦伤

(3) 水迹

(4) 洗不净

(5) 卷齐度

3. 生产过程控制

(1) 调整好各挤压辊的压力，以保证极限厚度带材的挤水效果，防止擦划伤；

(2) 采用大张力参数设置；

(3) 采用低的机列清洗速度；

(4) 卷取时在外圈料头进行衬纸，一般衬 20～30 圈为宜，防止擦伤；

(5) 开车前，清洗钝化挤水辊。

4.1.3　紫铜薄软带材的清洗

1. 加工特点

紫铜薄软带一般指的是紫铜 0.20mm 以下厚度规格的软状态带材。由于带材又薄又软，因此清洗难度大。

2. 表面质量的影响因素

在酸碱洗过程中，影响紫铜薄软带材产品表面质量的因素主要有：

(1) 表面压折

一般发生在刷洗箱、挤压辊、“S”辊以及卷取机等部位处。

（2）硌坑

硌坑基本呈规律性分布，多为挤压辊上粘有铜屑等异物或挤压辊损坏造成。

（3）卷取带材“翻边”

主要是带材边部质量差或有磕碰伤，在带材卷取时产生“翻边”现象。

3. 生产过程控制

（1）调整好各挤压辊的压力，采用尽可能小的压力，以水能挤干净为合适。

（2）刷辊压下量调整到一般带材规格的二分之一到三分之二范围。

（3）开卷机上料要对中、上正，并调整好卷取机前的对中装置。

（4）对所有挤压辊、刷辊的托辊进行清理。

（5）当来料边部有磕碰伤时，要对带材进行修边，防止发生“翻边”现象。

（6）实现清洁化生产。

4.2 质量控制

4.2.1 相关工序的质量缺陷

酸碱洗工序相对机列速度较低，带材经过清洗后，表面缺陷比较容易发现，因此酸碱洗工序是最佳的质量观察工序。前面已对酸碱洗工序产生的缺陷有较为详细的描述，但作为酸碱洗工序的生产操作人员也应对相关工序来料质量缺陷的形貌和产生原因有所了解，以便准确地将缺陷进行描述和对不合格品进行处置。

1. 表面缺陷

（1）起皮

板带箔材表面局部破裂翻起称为起皮。起皮一般沿轧制方向呈连续的或断续的分布，起皮部位往往有氧化皮或其他污物夹杂等。

产生原因：

1）铸锭有缺陷，表面不平整。

2）带材表面有缺陷在轧制工序轧制后压合导致。

（2）辊印

带材轧制后，表面呈条状、点状、波纹状周期性凹陷或凸起称为辊印。辊印一般横向或斜向分布，有些呈龟背纹路，有手感。

产生原因：

1）轧辊表面粗糙，磨损、腐蚀严重或有表面裂纹。

2）轧辊表面硬度不均匀，局部硬度低。

3）轧辊表面粘有金属及氧化物等。

4）磨辊出现的其他缺陷或者压靠、吊装过程中撞击碰伤。

（3）金属及非金属压入

金属或非金属压入板带材表面称为压入物。金属压入物与基体有明显分界面，轮廓清楚，有不同的金属光泽，呈点状、块状，剥离后形成凹坑；非金属压入物形态不一，颜色各异，多呈脆性，无金属光泽，呈点状、片状、长条状沿加工方向分布，不易剥离。

产生原因：

1）带材在轧制过程中跑偏挂边后边丝或边屑带入带材表面压入。

2）轧辊表面粘有金属及其他脏物被轧入轧件表面。

3）裂边的金属屑、毛刺及飞边压入。

4）热处理炉的炉屑、油污；乳液内的杂物等。

5）轧机辊道及护板上的异物。

（4）压折、压漏

压折、压漏一般在厚度较薄的带材较为常见，发生在轧制工序。

带材轧制后，表面形成局部折叠或折痕现象称为压折。压折一般沿加工方向分布，呈鱼鳞状，燕尾状。

带材轧制后，形成沿加工方向分布的针眼状、半月圆状、不规则三角形的穿透性缺陷称为压漏。

产生原因：

1）坯料有裂纹、夹杂等缺陷。

2）轧件厚度延伸不均匀，有严重波浪。

3）辊型不正确，压下量分配不均，加工率过大。

4）轧件咬入、卷取、张力及润滑不当。

5）轧辊、轧道、护板、轧件表面上有异物压入。

（5）粘结

带卷退火后，开卷时层与层之间出现粘连称为粘结。开卷后，表面呈点状、片状或条状的麻面。

产生原因：

1）带卷卷取过紧，卷取张力过大或者退火后急冷引起层与层粘贴太紧。

2）中间退火温度高、时间长，层与层之间金属扩散成一体。

3）带材表面与低熔点物质或粘性污物。

（6）鼓泡

带材经轧制退火后，表面出现沿加工方向分布的条状或泡状鼓起，剖开后为一空腔，这种鼓起称为鼓泡或气泡。

鼓泡多呈条状，表面光滑，沿加工方向拉长，剖开后内壁呈光亮的金属光泽，个别伴生氧化物或其他夹杂，常出现在较薄的带材中。

产生原因：

1）铸锭中存在气孔、缩孔、缩松等缺陷。

2）坯料退火时，炉内气氛控制不当，炉温过高。

(7) 腐蚀

带材表面与周围介质接触，发生化学或电化学反应，在表面形成产物膜称为腐蚀。腐蚀后表面失去金属光泽，形成颜色各异的腐蚀色斑。

产生原因：

1) 带材表面不清洁，残留有水、乳液等残液，或者放置保管不当，气候潮湿或水滴侵入表面。

2) 环境中有腐蚀性气氛。

(8) 氧化

板带箔材在较高温度下，与氧接触生成氧化物称为氧化。带材表面氧化后呈现深浅不同的氧化色，失去金属光泽。

产生原因：

1) 退火呈氧化性气氛。

2) 退火出炉温度高或在空气中暴露时间长，表面自然氧化。

3) 高速轧制，冷却润滑效果差

4) 轧件余温较高，卷取后形成氧化。

2. 板型缺陷

由于金属加热不均匀、辊型不当以及轧制工艺不当等因素导致轧制的板形不均匀。常见的有：单边波浪、中间波浪、两边波浪、双侧波浪以及其他的板型缺陷。金属不均匀的变形，导致轧制后产品外观的各种不平整现象称为板形波浪。板形波浪分类如图 1-4-1 所示。

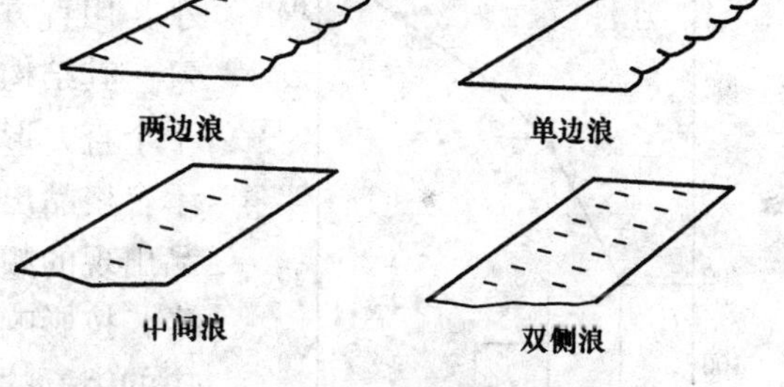

图 1-4-1 板型波浪分类

(1) 单边波浪产生的原因

1) 坯料一边厚一边薄，或坯料退火不均，两边性能不 。

2) 两边压下调整不一致，喂料不对中或轧件跑偏。

3) 两边冷却润滑不均。

4) 轧辊磨损不一样，或磨削的辊型中心顶点偏离轧制中心线。

(2) 中间波浪产生的原因

1) 坯料中间厚，两边薄。

2) 辊型太大。

3) 道次压下量过小，或张力太大。

4) 轧制速度高，冷却润滑剂流量不足，冷却强度小使辊型增大。

(3) 两边波浪产生的原因

1) 坯料两边厚，中间薄。

2）辊型太小或磨损严重未及时换辊。

3）道次压下量太大或张力太小，头尾失张，断带张力减小。

4）冷却润滑剂中部量太大或辊较凉，两边辊颈发热。

（4）双侧波浪产生的原因

1）坯料横断面厚度不均或性能不均。

2）辊型凸度呈梯形，与宽度不适应。

3）冷却润滑不均。

4）轧辊磨损严重，或压完窄料改压宽料易出现。

4.2.2　质量管理

1. 质量管理中常用的统计分析工具

在对现场的质量问题进行原因分析时，经常会借助一些质量管理的统计分析工具，这些统计分析工具常常会起到事半功倍的作用。在酸碱洗工序对制品的质量问题进行分析和查找原因时，可以运用排列图法和因果图法，组织开展质量分析。

（1）排列图法

排列图又称帕累托图，也称主次因素分析法，是用来找出主要问题或影响产品质量的主要原因，以便确定质量改进的项目的一种简单而有效的方法。

它是根据"关键的少数和次要的多数"的原理而制做的，也就是将影响产品质量的众多影响因素按其对质量影响程度的大小，用直方图形顺序排列，从而找出主要因素。其结构是由两个纵坐标和一个横坐标，若干个直方形和一条折线构成。左侧纵坐标表示不合格品出现的频数，右侧纵坐标表示不合格品出现的频率，横坐标表示影响质量的各种因素，按影响大小顺序排列，直方形高度表示相应的因素的影响程度，折线表示累计频率（也称帕累托曲线）。它的基本图形，见图 1-4-2。

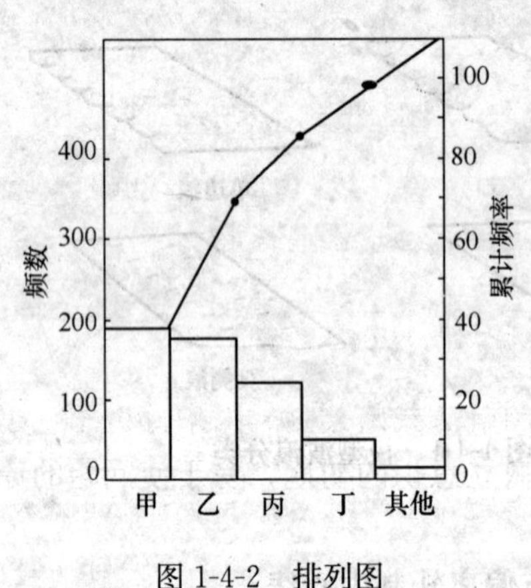

图 1-4-2　排列图

在生产现场工序质量分析运用中，常用的方法是：将产生的废品按量的多少的顺序排列在排列图的横坐标上，再将其数量相应地记在纵坐标上，又将每个废品的百分比，按序累加起来标在纵坐标上，并如此类推，最后将得到的所有百分点连接成一条折线。

绘制排列图的目的在于从诸多的问题中寻找主要问题并以图形的方法直观地表示出来，通过对排列图的观察分析可以抓住影响质量的主要因素。在排列图中，通常把问题分为三类，即：累计百分比在 0%～80%为 A 类因素，属于主要或关键问题；累计百分比在 80%～90%的为 B 类因素，属于次要问题；累计百分比在 90%～100%为 C 类因素，属于一般问题。A 类因素是影响产品质量的关键因素。

(2) 因果分析图

虽然在排列图中能找出质量问题的关键和结果，但是还无法做出解决问题的决策，只有对造成这个关键和结果的各种原因进行分类和归类，并且从这些具体原因中找到主要原因，才可能采取有效的措施。这种分析方法是在解决质量问题中不可或缺的方法。

因果分析图，简称因果图，俗称鱼刺图，就是将造成某项结果的众多原因，以系统的方式图解，即以图来表达结果（特性）与原因（因素）之间的关系。

因果图的基本格式如图 1-4-3 所示。图中的主干箭头指的是结果或问题。主干箭头的上方和下方有大、中、小箭头及细箭头。这些箭头后面标的都是造成这个结果的原因（作图时应注意结果与原因不能混淆）。这里大、中、小、细箭头的分类是原因的层次细分，而不是对结果影响大小的分类。

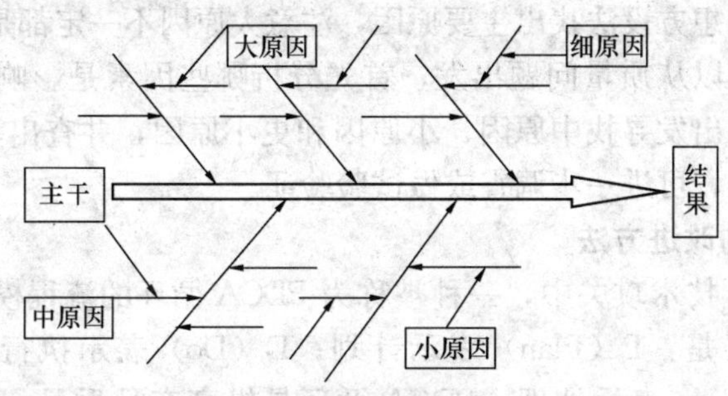

图 1-4-3 因果分析图

因果分析图是以结果作为特性，以原因作为因素，在它们之间用箭头联系表示因果关系。因果分析图是一种充分发动员工动脑筋、查原因、集思广益的好办法，也特别适合于工作小组中实行质量的民主管理。当出现了某种质量问题，未搞清楚原因时，可针对问题发动大家寻找可能的原因，使每个人都畅所欲言，把所有可能的原因都列出来。

某项结果之形成，必定有原因，应设法利用图解法找出其因。因果分析图，可使用在一般管理及工作改善的各种阶段，特别是树立意识的初期，易于使问题的原因明朗化，从而设计步骤解决问题。

因果图的绘制：

1）确定待分析的质量问题，将其写在图右侧的方框内，画出主干，箭头指向右端。

2）从这个质量问题出发先分析大原因，再以大原因作为结果寻找中原因，然后以中原因为结果寻找小原因，甚至更小的原因；确定该问题中影响质量原因的分类方法。一般对于工序质量问题，常按其影响因素：人（Man）、设备（Machine）、原材料（Material）、方法（Method）、环境（Environment）等进行分类。对应每一类原因画出大枝、箭头方向从左到右斜指向主干，并在箭头尾端写上原因分类项目。

3）将各分类项目分别展开，每个大枝上分出若干中枝表示各项目中造成质量问题的一个原因。中枝平行于主干箭头指向大枝。

4）将中枝进一步展开成小枝。小枝是造成中枝的原因，依次展开，直至细到能采取措施为止。

5）找出主要原因，画上方框作为质量改进的重点。

因果分析法的注意事项如下：

分析时要充分发扬民主，各抒己见。主持会议者要注意会议形式，以有利于集思广益为宗旨。分析的问题只能是一个，主干线箭头就指向这个结果——要解决的问题。质量问题中的大原因一般有人、机器、材料、方法、环境五个方面，以这些方面作为切入点，分析中原因、小原因时要追根究底，直至分析出可以采取具体措施的原因为止。要想方设法找出主要原因，注意大原因不一定都是主要原因，在具体分析时，我们可以从质量问题出发，首先分析哪些因素是影响产品质量的大原因，进而从大原因出发寻找中原因、小原因和更小原因，并查出和确定主要原因。为了找出主要原因，可进一步调查或做试验验证。

2. 质量问题的改进方法

在质量改进、技术攻关中，一种被称为PDCA循环的流程模式正在被广泛采用。PDCA的含义是：P（Plan）表示计划；D（Do）表示执行；C（Check）表示检查；A（Action）表示处理。PDCA循环是提高产品质量，改善企业经营管理的重要方法，是质量保证体系运转的基本方式，它反映了质量管理活动的规律。

P阶段：制定对策，就是建立具体的改进方案，分四个步骤。

第一步是通过总结分析，可画出因素排列图，找出存在的问题，进一步找出主要问题。

第二步是通过广泛讨论、分析，弄清原因，这需要从人、机器、材料、方法和环境查找，寻找原因的方法可采用因果分析图。

第三步是必须找出影响问题的主要原因。

第四步是研究对策和措施。

D阶段：实施对策和措施，在这过程中可能还需要不断修正计划，补充措施。

C阶段：检查效果。

A阶段：巩固措施及今后打算。

PDCA循环实际上是有效进行任何一项工作的合乎逻辑的工作程序，因此在质量管理中，有人称其为质量管理的基本方法。四个过程不是运行一次就结束，而是周而复始进行，对总结检查的结果进行处理，对成功的经验加以肯定并适当推广和标准化，对失败的教训加以总结。一个循环完了，解决一些问题，未解决的问题进入下一个PDCA循环，这样阶梯式上升。

4.3 设备维护

4.3.1 设备维护

1. 主要单体设备的检查维护操作

(1) 开卷机及卷取机

1) 启动前应通知电工检查电机连线的电压是否正确。

2) 检查电磁阀等是否正常。

3) 检查所有液压管路有无泄漏。

4) 检查液压压力是否正确。

5) 检查链子是否松紧适宜。

6) 检查轴承是否润滑良好。

7) 旋转接油器是否完整、漏油。

8) 连续2小时不工作，卷轴上的料卷应卸下。

(2) “S”辊

1) 检查减速机、接手等部件是否完好。

2) 检查滑动部位有否划伤。

3) 检查是否同步运转。

4) 检查各辊面是否清洁。

2. 气动、液压系统的检查维护操作

1) 检查各液压系统及泵站压力、油温。

2) 检查各系统滤芯是否堵塞，如堵塞要及时清洗或更换。

3) 检查各系统阀类动作是否灵活和泄漏情况，如堵塞、有不正常现象应立即进行处理。

4) 液压系统半年做一次试样，如达不到等级，更换一次液压油并清洗油箱，加入新油后，进行48小时循环，方可投入运行。

5) 检查油位表和把油位保持在一个高的油位置上，如果油位低于正常油位会形成气泡，油温升高，同时发生油品降低和其他故障。

6) 当泵在正常运行时，无噪声、无振动，如有异常声音，停止运转，检查事故原因。

7) 当过滤器不能正常指示时，清洗或更换过滤器元件，周期大约每月一次，当过滤器指示正常时，按说明书清洗或更换过滤器。

3. 电器设备的检查维护操作

(1) 送电前的检查

1) 认真检查控制柜、操作台上的仪器、仪表指示是否正常。

2) 安装或更换的备品电机，检查所示功率电压、转速、频率与原设计是否相符，接法是否正确无误，转轴是否自由转动，轴承是否正常启动后检查转动方向。

3）对新安装或长期停用（一个月以上）使用前应检查定子、转子是否绝缘，一般交流电机可用兆欧表测，绝缘阻值要大于 1MΩ，交流矢量电机万用表高阻档测，用兆欧表测量电加热器是否绝缘。

4）送、停电时，要严格执行操作牌制度。

（2）设备运行中的使用维护与重点检查

1）电器设备运行中，应严格执行设备三大检查制度，即巡回检查制度、专责检查制度、交接班检查制度。

2）值班人员每小时对运行中电机、控制变压器、支流稳压电源等电器设备要进行一次巡回检查，电机及变压器各部位的温升不能超过最大允许值（以铭牌或制造厂家的说明书为准）。

3）检查电机机座和轴承是否振动，听电机运转声音是否正常，定子和转子是否有摩擦现象。

4）检查电机的通风冷却系统是否正常。

5）三相电压要平衡，电压 380V，三相间不平衡程度超过±5%，要停电检查网路电压。

6）接到生产工通知停电后，方可停电，无异常情况，生产中不得随意停电，送电后检查各信号指示灯是否正常。

7）在各操作台、操作点上设有快速停车及紧急按钮。快速停车可使机列在最短时间停下，紧急停车可以断开主回路开关。设备运转过程中，发生诸如电机及控制柜发生严重故障，发生需要立即停电的人身事故、电机迅速发热、转速急剧减少，轴承发生不允许的高热、断带的机械设备严重故障等情况应立即停电。

8）运行中的 PLC 及变流器，严禁随便调节，以免发生意外事故。

9）设备运行中严禁靠近控制室及在控制室内操作有严重磁干扰的电焊及电钻等电器设备。

10）设备运行中如出现故障，应根据操作盘显示查明故障原因，待故障排除后，方可继续运行并做好记录。

（3）定期进行电气设备检查、校验

1）用 500V 摇表测柜内的母线绝缘不应低于 100MΩ，开关刀闸，接触器，互感器的绝缘电阻不应低于 10MΩ，二次线对地电阻值不应低于 2MΩ。

2）每半年检查导线各接触点的松紧情况，各导线间以及各导线与“大地”间的距离，电缆及导线外表情况。

3）检查柜内各控制器的显示及报警。

4）根据各控制器手册每月定期检查。

5）每半年要对热电偶和压力继电器进行校验。

6）注意各控制器内冷却风机运行情况，有必要时要及时更换。

7）对设备不熟悉时不允许操作。

8）每周检察试验信号灯及故障报警，如有损坏及时更换。

9）信号灯和卷取处光电对中、光电头和反射板应保持清晰，不能被其他物品遮盖。

10）定期对直流电机进行检查。

4. PC 部分的检查维护

（1）在 PC 部分送电时，模板不能拔取和插入。

（2）机内备用电池，应每年检查一次，如电压低于 3V 时更换。

（3）如 PC 部分有电或者在“EXT，BATT”端子上加一外部电压（3.4V），可更换备用电池，存储器中数据不丢失，更换时极性必须正确。

5. 变频器的检查维护

（1）每次通电后无故障显示即为正常准备工作状态，运行中不需设定。

（2）更换备品变频器，根据电压、电流、功率等因素重新设定。

6. 设备检修时的注意事项

（1）设备检修前，首先切断水、电气、液压，收回操作牌。

（2）设备检修过程中，未经主管部门同意，不得随意改动设备零件、部件尺寸和结构。

（3）设备上的螺栓过紧时，不允许用锤敲打，以免损坏螺栓及螺孔的螺纹。

（4）如有两个以上工种同时进行检修时，要相互保持联系，以保障各自的检修工作安全顺利进行。

4.3.2 设备验收

设备的验收包括：新设备的验收和设备检修后的验收。

1. 新设备的验收

（1）新设备验收试车大纲

验收试车大纲的内容：

1）验收试车的目的。

2）设备技术性能。

3）验收试车要求：质量要求、设备安全环保要求。

4）负荷试车：在带负荷条件下，按照设备合同，对设备技术参数进行试验，调试设备性能满足产品质量要求。

5）验收试车。

（2）负荷试车程序

1）完成机列无负荷试车，各部位状态运转正常。

2）准备好试车用料。

3）备齐负荷试车所需仪表及工具。

4）操作维护人员培训合格。

5）进行设备性能试验。包括：带材设计极限厚度、宽度及卷重的负荷试验；最大缝合厚度试验；储液罐加热温度达标试验；机列速度（最高速度、稳速时速度波动）；张力（开卷、卷取最大、最小张力）；张力波动（稳速时和加减速时的张力波动）。

6）质量要求的满足程度试验。包括：带材的卷齐度；通过后的带卷，表面清洁、干燥、色泽均一，无划伤、擦伤、氧化物等缺陷；带卷放置阶段不变色。

7）记录检测内容。

（3）验收试车

验收试车最好能结合生产情况进行。一般为试车 50 卷料或 48 小时不停机负荷试车。

1）洗后带卷均应满足产品质量要求。

2）设备连续无故障。

3）记录检测内容。

2. 设备检修后的验收

设备检修后，要对检修后的设备进行验收，在验收过程中要注意以下方面：

（1）设备基础稳固，无破损、裂纹、松动现象。

（2）检查设备检修部位的结构是否完整，零部件不存在缺失等现象。

（3）检查设备各种连接部位的螺栓、螺帽等，要保证无松动、损坏、丢失现象。

（4）检查各种阀门、管件无泄漏。

（5）各种主要仪器、仪表和安全防护装置齐全，灵敏可靠。

（6）设备本体及周围环境整齐，无积尘、积垢，检修换下的零部件及时清理。

（7）设备可随时开机，能正常开动，达到检修的目的。

4.4 技术总结和培训指导

4.4.1 本职业新技术发展方向

我国铜及铜合金带材的表面清洗生产机列先后经历了几个发展时期。20 世纪 50～60 年代时，大型的铜板带生产企业采用的是酸洗加热水刷洗的连续生产机列，热水的加热和烘干箱干燥风的加热采用的是蒸汽加热的方法。20 世纪 90 年代初，随着纯油轧制冷却润滑技术在精轧机上的运用越来越广泛，带材轧制的表面质量状况明显提高，国内又开始从国外引进了通过脱脂液喷射、脱脂刷洗去除表面残油以及带表面钝化功能的清洗连续生产机列，其溶液的加热系统和烘干装置的加热系统都采用了电加热形式，生产效率和产品质量都得到了明显的改善。进入 21 世纪后，随着科学技术的迅猛发展，对铜及铜合金带材的表面质量要求也愈来愈高，伴随着铜及铜合金表面处理设备技术的不断发展，脱脂加酸洗加刷洗加表面钝化的连续式铜卷材表面清洗设备开始逐渐在高精度铜板带材生产中得到应用，并成为当前国内铜板带材的主流生产设备。近年来，由于人们的环保意识不断提高，在表面脱脂方式上，除了传统的通过碱溶液除油外，国外又研发出了电解脱脂以及无化学物质的高压、高温热水清洗，从而形成了替代脱脂液和酸液的新型环保型清洗设备。随着高精度清洗后的处理清刷、磨洗控制技术，长效防变色钝化技术，新型高效烘干、冷却技术和新型挤干辊、高压热水冲洗技术的逐步应用，高效率、高表面质量、节能环保无污染的铜及铜合金表面清洗技术将成为本职业新技术发展的方向。

4.4.2 生产技术总结

1. 铜及铜合金带材加工的典型工艺流程

铜及铜合金带材的典型加工工艺流程为：

(1) 铸锭→加热→热轧→铣面→粗轧→退火→中轧→切边→退火→预精轧→退火→精轧→酸碱洗→剪切→检查→包装→入库。

(2) 水平连铸带坯→退火→粗轧→退火→中轧→切边→退火→预精轧→退火→精轧→酸碱洗→剪切→检查→包装→入库。

2. 生产技术总结的撰写

生产技术总结一般包括下列内容：

(1) 总结项目的课题。

(2) 所选项目改进前的现状。

(3) 通过改进预计要达到的目标。

(4) 针对现状进行的原因分析及查找到的主要影响因素。

(5) 针对主要影响因素制定的改进措施以及改进措施的实施过程。

(6) 改进取得的成效和存在的不足。

(7) 对取得成效的有效措施如何进行制度上的规范。

(8) 对不足的问题下一步如何进一步改进。

4.4.3 培训指导

1. 准备工作

培训前，要了解现场操作指导酸碱洗设备的运行状况，同时需保证现场的操作安全。做好作业安排与培训工具、量具、材料的准备工作以及需要准备实际操作时给予培训对象详细的说明、指示和要求。

2. 现场实际操作指导

现场实际操作指导是指在培训时，按照工艺规程、安全操作规程以及作业指导书的要求，向学员展示某种规范的操作动作、解释某种操作程序或技巧，使受培训人员能够重复相同的操作动作或程序的活动。

3. 培训的要求、步骤及技巧

(1) 培训前要向学员说明培训内容、实际操作要求以及希望达到的培训目标。

(2) 培训要根据培训对象的实际技能状况，把实际操作过程进行分解，分段进行实际操作示范，同时要配以适当的讲解。

(3) 培训要耐心细致，同一个操作步骤可多示范几次，做到使所有的受培训人员都能够看清实际操作示范动作。

(4) 在实际操作示范讲解后，要安排培训人员提问，了解学员对示范操作的理解程度，可根据学员的需要再示范或回答学员提出的问题。

(5) 安排培训学员进行实际操作，纠正学员的错误动作。可随时向学员提问，让学员自己找出错误的操作动作。

(6) 培训结束后，要对培训过程做简要的总结和评估。

4. 培训讲义的编写

(1) 培训内容的设计

培训讲义是开展培训工作的基础，是为培训讲课而编写的教材。在编写培训讲义时，要做好培训讲义内容的设计，一般培训设计的内容包括：培训名称、培训目的、培训目标、培训对象、培训大纲、培训讲义、培训课时和培训方法等。

(2) 培训讲义编制方法

培训讲义的编写过程主要有培训内容的选择、列出讲义提纲、收集相关内容的资料、起草讲义以及制作图样、表格以及幻灯演示片等。

1) 培训内容的选择

培训内容的选择，应结合现实的生产、质量控制的需要，有针对性地去选择培训内容。培训形式上，可以是一个专题，也可以是多个专题系列的讲授。

2) 列出讲义提纲

编写讲义要首先列出讲义提纲，提纲是编写培训讲义的基础，开始怎么讲、中间怎样展开、最后如何结束，都理出一个较清楚的思路。也就是将准备要讲授的培训内容分出层次，每一部分准备写哪些内容，使整个讲义更具有条理性，更符合培训目标的需要。

3) 收集相关内容的资料

为使讲课内容更充实，更引人入胜收到好的培训效果，在确定了培训专题后，要较为围绕专题内容广泛地收集例证、理论依据等资料，以丰富授课内容。对收集到的资料需要进行必要的斟酌和整理，同时对有些资料和数据进行必要的查实核对。

4) 讲义的起草

把收集到的资料进行整理，选出要用的内容，提出自己的见解，要按照列出的讲义提纲起草讲义，较细致地将讲授内容形成文稿。在起草过程中或初稿完成后，可以向有关专业技术人员、设备维护人员、质量管理人员等请教，请他们帮助进行修改和完善，消除不正确的观点和内容，使讲义的内容观点基本正确，符合现场的实际情况，使受培训人员获得准确的信息和正确的指导、启发和教育。

5）制作幻灯演示片或图样、表格

培训讲课的方式可以多种多样，可以根据讲义的需要，在讲课前，把讲义制作成幻灯片，或在讲课中对讲课内容进行板书，有些内容需要制作图样或数据表，便于讲授过程中展示和直观地描述关键特征和重要参数，使大家更易理解。图样或数据表最好能在讲课前用大纸画出或列出，简单的图表也可以在讲课时在黑板上临时画出。

4.5 生产管理

4.5.1 生产管理的基本知识

1. 生产过程管理

生产过程管理是指生产车间对生产活动全过程的管理。生产车间的生产活动是按照预定的生产计划，充分利用人力、物力和财力，从产品品种、质量、数量等方面，生产出符合要求的产品的过程。生产过程管理就是对这一过程进行计划、组织、指挥、控制和协调。

2. 生产过程管理的基本任务

在生产活动中，运用计划、组织、控制等职能，合理地组织生产，将生产所需的人、财、物、信息等生产要素有机地结合起来，经过生产过程转换，以尽可能少的投入生产出尽可能多的符合市场和消费者需要的产品和劳务，并取得最佳的经济效益。

3. 生产过程管理的原则

（1）准时生产原则

简单说就是按照生产计划规定的时间进行生产。

（2）文明生产的原则

就是要求企业建立合理的生产管理制度和良好的生产秩序，使各生产环节的工作有条不紊地协调进行。

（3）安全生产的原则

这是企业生产管理的一项重要原则，安全为了生产，生产必须安全，必须每时每刻树立“安全第一”的观念。

（4）科学生产的原则

就是在生产过程中运用符合现代化工业生产要求的一套管理制度和方法进行生产。

4. 生产过程管理的内容

生产过程管理主要包括：生产准备、生产组织、生产计划、生产控制等。

(1) 生产准备

生产准备就是设备开始生产运行所需完成的一系列准备工作。生产准备包括：

1) 工艺技术方面的准备。

2) 人力的准备。

3) 坯料、辅料、能源的准备。

4) 设备完好运转方面的准备。

(2) 生产组织

生产组织是对产品生产过程各阶段、各工序的工作做合理安排的全过程。其目的是使生产过程能连续均衡地进行，获得良好的经济效果。主要内容包括：

1) 生产过程的空间组织。

2) 生产过程的时间组织。

3) 安排工艺工序、检验工序、安排生产工序、安排生产岗位等。

(3) 生产计划

生产计划是指企业在计划期内应生产的产品品种、数量、质量、交货限期以及应达到的生产能力利用程度等项指标，是企业生产、技术、财务计划的重要组成部分。生产计划的主要内容包括：

1) 生产作业计划。

2) 生产能力。

3) 设计能力。

4) 计划生产能力。

5) 生产合同。

6) 生产周期。

7) 生产组织定额。

8) 生产调度。

(4) 生产作业

生产作业是指根据生产计划安排和单位工作要求完成工作任务，并且严格执行安全操作规程、设备操作规程、工艺技术规程，为用户或下道工序提供满意的产品或服务。

5. 生产控制

生产控制是指围绕着生产计划和生产作业所进行的各种检查、监督、调整、管理等工作，掌握生产计划的执行情况，生产作业的完成情况，人、财、物的管理情况，车间内、外部工序之间的衔接和周转情况，设备维护、维修情况等，使生产过程随时处于受控状态。

4.5.2 生产过程中管理中的异常情况处理

生产过程中的异常情况基本可分为设备异常情况、质量异常情况、生产异常情况等。

1. 设备的管理和异常情况处理

(1) 设备异常情况的处理原则

1) 首先是要确保人身安全、生产安全和设备安全。

2) 尽快处理，在最短时间内恢复生产。尽量降低设备异常情况对质量、生产的影响。

3) 制定常见设备异常情况的应急预案，让设备操作人员和维护心中有数，出现设备异常时，能够冷静地按照预案进行处理。

(2) 设备异常情况的一般处理方法

在生产过程中，设备异常情况时有发生，对异常情况正确处置，能促使设备很快恢复生产，减少停机台时，减少损失，从而提高生产效率。一般处理方法：首先了解设备故障发生部位、可能造成的主要原因，然后及时报告相关部门，加强同相关部门协调，并组织人员做好处理前的准备工作，包括现场的工、吊具准备，设备停水、停电、停风准备等。

2. 质量的管理和异常情况处理

(1) 质量异常情况的处理原则

1) 在确保人身、设备安全的前提下，以确保质量为第一目标，没有直接证据证明质量是合格的，就必须进入不合格品评审程序。

2) 查找造成质量问题的原因，找不到原因不继续生产。

3) 制定常见的质量异常情况应有应急预案。

(2) 质量异常情况的一般处理方法

生产过程中，质量管理的异常情况常有发生。处理好质量管理问题，可以有效防止工作失误，杜绝质量事故。处理质量异常情况的方法一般是：根据质量异常的具体情况和不合格的原因进行缺陷产生原因的查找，在找到问题产生原因后，对其进行处理。如果短时间内能迅速处理好的可停车处理，待处理完毕开车生产。如果需要较长时间，则应采取临时措施将带卷空缠后，上备用带后停车处理。

3. 生产中安全的管理和异常情况处理

(1) 生产异常情况的处理原则

生产异常情况，很多时候都与设备异常、质量异常相关，处理原则是：

1) 确保人身安全。

2) 确保设备安全。

3) 确保质量。

4) 生产进度。

5）制定常见的生产异常情况应急预案。

（2）生产异常情况的一般处理方法

生产过程中，生产异常发生后，要按照生产安全操作规程的要求，采取措施进行处理。

生产异常情况，很多时候都与设备异常、质量异常相关，例如在指挥天车吊运带卷时天车发生故障停在空中，应设立警戒线，防止人员进入发生危险。

4.6 铜、钛、镁合金酸碱洗相关的基础知识（铜部分）

4.6.1 铜及铜合金材料表面处理及化学基本知识

酸碱洗设备的表面清洗的工作原理就是通过碱洗脱脂的方法除去带材表面残留的轧制润滑液及各种油污，通过酸液酸洗的方法除去带材表面的氧化层，以达到符合产品质量标准的产品要求。

1. 碱液除油的作用机理

碱液除油就是借助碱液的化学作用，清除轧件表面的油脂和污物，达到净化轧件表面的目的。由于碱液材料价格较低，无毒安全，操作及使用简便，设备较简单易造并便于管理，已得到广泛应用。近年来，在碱液除油的基础上，增加一些促进的措施，使这种较为传统且应用较广的方法变成多种除油效率更高、质量更好的方法，在碱液中添加表面活性剂及其他成分，成为当前研发和应用得最多的各种水基清洗剂。

碱液是由碱性化学物组成的，其中最主要的成分是碱，它是一种水溶液呈碱性的电解质溶液，其反应式为：

$$NaOH = Na^{+} + OH^{-}$$

碱性盐在水溶液中水解，生成碱性介质

$$Na_2CO_3 + 2H_2O = 2Na^{+} + 2OH^{-} + H_2CO_3$$

水解程度随碱化合物浓度的降低和溶液温度的升高而增加。

金属表面的油脂与碱液中的碱发生化学反应生成肥皂的过程称为皂化反应：

$$(C_{17}H_{35}COO)_3C_3H_5 + 3NaOH \longrightarrow 3C_{17}H_{35}COONa + C_3H_5(OH)_3$$

反应产物硬脂酸钠（即日常生活中使用的肥皂成分）和甘油都溶于水，所以作用的结果油脂被除掉并溶入碱液中。但能发生以上皂化反应作用的油脂必须是动植物油中的主要成分硬脂酸脂。矿物油是碳氢化合物，所以不能用上述方法除去，必须用乳化法，通过乳化作用清除。

当矿物油与乳化剂作用后，会变成很多微细的小油珠并分散在溶液中，形成两种不相溶的液体混合物的乳浊液。乳化剂是一种表面活性剂，当有油污的工件浸入有乳化剂的碱液中，乳化剂吸附在相应的界面上，吸附在金属表面与溶液界面之间的乳化剂，它的疏水基向着溶液，使金属与溶液界面的张力降低，溶液对金属表面的渗透作用增加，润湿性增强，因此溶液对工件表面油膜的排挤作用加强，同时吸附在溶液与油膜界面的乳化剂也使界面的张力降低，增加了溶液与油膜间的表面积。在流体动力因素的作用下，油膜被破坏，分裂成细小的油珠，脱离工件表面转到溶液中形成乳浊液，实现了除油的目的。在工业生产应用中，由于油脂大多数属于非皂化性的矿物油，而且单靠皂化作用除油的时间长，除油不彻底，所以大部分的除油是靠乳化作用完成的，同时在乳化除油过程中都要采取加热提高温度和增加搅拌等措施，以便使乳化作用得更快、更好。

2. 铜及其合金酸洗除氧化

铜及其合金在加工过程中，表面通常都产生了氧化膜，在除油后必须除去这些氧化层。酸碱洗机列的除氧化工艺是铜带材通过酸溶液浸蚀的方法进行的。酸洗就是酸与氧化物发生化学作用，将氧化物完全溶解的过程。一般酸液的主要成分是硫酸，一些特殊的铜合金也有使用硝酸和盐酸的。浸蚀时发生的化学反应如下：

$$CuO + 2HNO_3 \longrightarrow Cu(NO_3)_2 + H_2O$$

$$Cu_2O + H_2SO_4 \longrightarrow Cu + CuSO_4 + H_2O$$

$$CuO + H_2SO_4 \longrightarrow CuSO_4 + H_2O$$

$$CuO + 2HCl \longrightarrow CuCl_2 + H_2O$$

4.6.2 常用酸碱洗设备

目前常用的酸碱洗设备各铜加工企业不尽相同，但从结构和清洗方式上主要有以下三类：

1. 脱脂清洗机列

主要设备结构：

上料小车、开卷机→缝合机→脱脂喷淋箱→脱脂刷洗箱→冷水喷淋箱→热水喷淋箱→钝化箱→烘干箱→切头剪→卷取机、卸上料小车。

可用于纯油润滑轧制的铜及铜合金带材表面脱脂清洗、除油。表面有氧化的带材不适宜采用该机列进行表面清洗。

2. 连续酸洗机列

主要设备结构：

上料小车、开卷机→缝合机→酸洗槽→冷水冲洗箱→冷水刷洗箱→热水刷洗箱→钝化箱→烘干箱→切头剪→卷取机、卸上料小车。

可用于乳液润滑轧制的铜及铜合金带材表面清洗，适用于表面质量要求不高的带材，不适宜采用纯油轧制带材的表面清洗。

3. 酸碱洗机列

主要设备结构：

上料小车、开卷机→切头剪→缝合机→脱脂刷洗箱→冷水喷淋箱→热水喷淋箱→酸洗槽→冷水冲洗箱→冷水刷洗箱→热水刷洗箱→冷水喷淋箱→热水喷淋箱→

钝化箱→烘干箱→“S”辊装置→切头剪→对中装置系统→卷取机、卸上料小车。

可用于乳液润滑轧制或纯油轧制的铜及铜合金带材表面清洗，适用于表面质量要求很高的带材。

4.6.3 铜及铜合金酸碱洗特殊的劳动保护、环境保护、安全生产等知识

1. 事故处理预演练方案

在酸碱洗工序中，酸碱溶液、各种溶液罐等安全隐患部位多，应制定相应的安全生产制度和预防措施。针对诸如酸液等重大的危险源，应有严密的事故处理预演练方案。下面以盛满浓酸溶液的酸罐在吊运时发生侧翻，酸液流淌生产现场地面的事故为例，介绍一下如何制定事故处理预演练方案。

预演练事故：浓硫酸罐侧翻，酸液大量流出。

演练应对方案：

(1) 首先快速用黄土将流淌酸液覆盖，将硫酸侵蚀面积缩小在最小范围内。

(2) 快速将侧翻的酸罐吊起。在此过程中，操作人员做好个人防护工作，佩戴防酸手套、防护罩，严防硫酸迸溅；严禁使用已被酸液腐蚀过的钢丝绳。

(3) 隔离事故区域，防止其他生产人员出入事故现场，发生腐蚀伤害事故。

(4) 演练人员将覆盖后的黄土清出现场。

(5) 再次用黄土推扫地面，然后用拖布将地面彻底清理干净。

演练后制定的预防措施：

(1) 加强酸罐检查，经常性对酸罐的外观进行常规检查，包括吊酸罐挂钩、阀门。

(2) 对酸罐阀门和吊酸专用钢丝绳三个月一更换，防患于未然。

(3) 经常性对酸罐使用情况进行检查，发现不合格项，及时督促整改，特别是吊完酸罐后钢丝绳不及时卸下问题，严防酸雾腐蚀产生隐患。

2. 制定事故处理预演练方案的要求

(1) 事故处理预演练的组织：要设立指挥长，负责方案实施演练的指挥。

(2) 评审与总结：在指挥长的组织下，将演练中暴露出的不足项、整改项、改进项加以完善，制定措施，持续改进。

第2篇

非卷材酸洗

第1章 初级工技能

1.1 生产准备

1.1.1 生产任务确认

1. 生产任务的确认程序

阅读交接班记录→查看生产任务单→物料核实

接班首先阅读交接班记录，看上一班的设备运行情况、生产情况、产品质量状况、有无遗留问题需要处理；再查看生产任务单，明确本班有什么生产任务，需要做哪些生产准备；然后把任务单上列的物料与作业现场的物料进行核对，看二者是否完全一致，如果有出入，不要贸然生产，应向相关人员报告，待情况落实清楚后才能安排生产。

2. 工具、量具及物料的名称及用途（表 2-1-1）

表 2-1-1 工具、量具的名称及用途表

工具、量具的名称	用途
天车，电葫芦	吊运物料
卷尺	测量制品的宽度、长度等
蜡笔、中性笔	用于制品标识
夹子，夹钳	夹料
料筐	装料
复写纸	记录
千分尺、游标卡尺	测量制品厚度
测温表	测量槽液温度
风动砂轮机、风动铣刀、扁铲	修伤
毛巾	清擦制品的油污和水
酸、碱	蚀洗制品
冷热水	冲洗

3. 工具、量具检查

接班后首先对常用工具进行清点，看是否准备齐全，各个工具是否有影响正常生产的问题，发现问题及时向相关单位反映。生产前，生产人员应仔细对钳子进行检查，看链条、销子（或钢丝绳）等有无破损、开裂。对有安全隐患的钳子，应停止使用，并及时报告有关部门修理。

4. 物料的准备

(1) 物料信息

仔细阅读生产任务单及生产卡片，掌握本班的生产任务。通过生产任务单，生产人员需要弄清楚待酸洗制品的详细信息，包括制品的合金、状态、批号、规格、数量等。

(2) 物料核对

根据生产任务单上下达的生产指令，核对现场制品的批号、规格、合金、状态、数量等信息是否与任务单和生产卡片完全相符，对未找到及有疑问的制品，将之详细记录在交接班上并向生产计划部门反映；只有核对无误的制品，才能根据任务单下达的生产顺序进行准备、生产。

(3) 物料吊运

对制品吊运目前主要有两种方式，其一是采用遥控天车，其二是操作人员人工指挥。具体采用哪种根据厂家设备配置而定。具备遥控天车的厂家，操作人员严格按照天车的操作要求将所需要的制品吊运到作业区域。对需要人为指挥的天车，操作人员必须用清晰、准确的手势指挥天车操作人员把需要的制品吊运到作业区域。

1.1.2 酸洗设备

1. 酸洗间

酸洗间是企业进行酸碱洗作业的场所，其场地空间大小可根据企业酸碱洗作业的品种和规模确定，酸洗间一般应远离其他作业场所。酸洗间包括以下一些配置：

(1) 酸碱洗槽

酸碱洗槽用来盛装酸液、碱液、冷水、热水，包括酸槽、碱槽、冷水槽、热水槽。酸碱槽组合图如图 2-1-1 所示，酸碱洗槽示意图如图 2-1-2 所示。

1) 酸碱槽

酸碱槽主要用来盛装酸碱溶液。对酸碱洗生产而言，它是至关重要的设备。酸碱属危险化学品，盛放溶液的槽子必须结实、牢固、耐腐蚀，不易破损、渗漏。

2) 酸碱槽的大小

酸碱槽的大小根据企业酸碱洗制品的大小而定，制品放入槽子后，应保证槽内液面高出制品顶端至少 50mm，而低于槽子上边缘至少 400mm。

酸洗铝板材制品的槽子高 6000mm、长 4000mm、宽 2000mm、壁厚 300mm，为便于添加水，在槽壁顶部铺设有冷水阀门，加水时打开阀门即可。为方便排放废液，槽子底部开有排液孔，排放废液时，打开排液孔，将废液排放到废液池，再启动池内的废液泵工作，即可将废液排到处理站进行处理。

3) 酸碱槽的材质

制作槽子的材料必须具有很好的耐腐蚀能力。下面介绍几种酸洗槽的材质及构造：

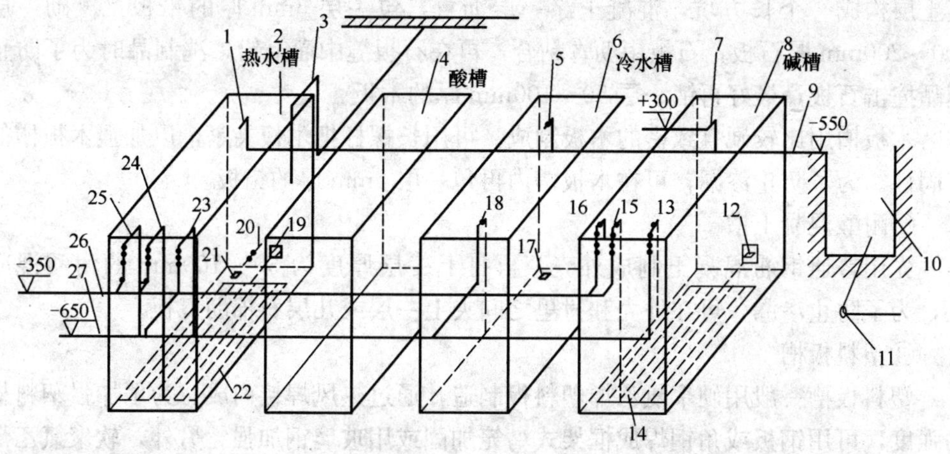

图 2-1-1 酸碱槽组合图

1—溢流管；2—热水槽；3—二次直接加热管；4—酸槽；5—溢流管；6—冷水槽；7—溢流管；8—碱槽；9—溢流总管；10—溢流池；11—排放泵；12—疏水器；13—冷水管；14—加热器；15—加热管；16—直接加热管；17—排放口；18—冷水管；19—疏水器；20—排放阀；21—排放口；22—加热器；23—冷水管；24—加热管；25—直接加热管；26—蒸汽管；27—冷水管

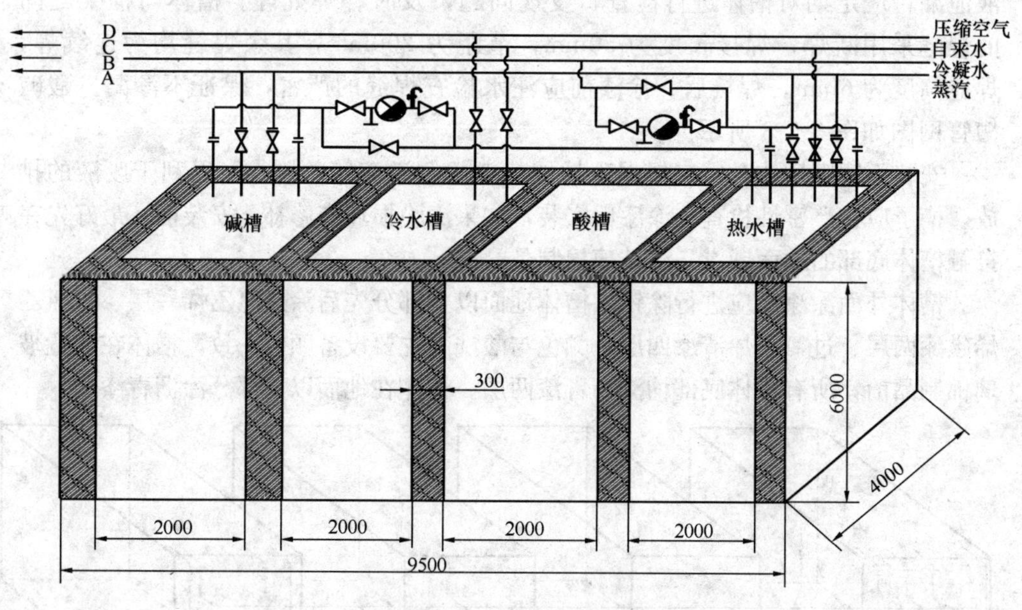

图 2-1-2 酸碱洗槽示意图

①石板槽及木板槽

石板槽很古老，现基本不用。石板槽的制法过程：先在地下挖一个坑，灌上混凝土层构成一个长方坑，混凝土涂一层沥青，包一层 5mm 厚的铅板，再砌一层 100～200mm 厚石板，石板用沥青粘合，再在石板缝中灌上铅。洗制品时为了防止制品撞击石板，最好再铺一层 50～100mm 厚的木板。

木板槽用比较硬且致密的木板制成。可用长螺杆把木板夹紧，以加强木板槽的牢固性。为了防止渗漏，可在木板槽内再包一层 5mm 厚的铅板。

②耐酸混凝土槽

先用普通钢筋混凝土制成外壳，再打上一层厚度为 50～100mm 的耐酸混凝土，为了防止渗漏，可在外壳和衬里之间夹上一层或几层石棉沥青板。

③塑料板槽

塑料板槽一般用硬聚氯乙烯塑料板制造，通过热风焊接而成。为了加强塑料板的强度，可用钢板或角钢焊成框架式鸟笼加固或用玻璃钢加强。另外，软聚氯乙烯塑料板可以作为钢槽的内衬，采用螺栓固定法粘贴衬里，粘贴可用过氯乙烯胶或者聚氨酯胶。

④不锈钢槽

大多数铝制品酸洗槽采用不锈钢制造，通过氩弧焊焊接而成。不锈钢钢板厚度 5～10mm，由于焊接材料与不锈钢材质电位存在差异，在酸碱溶液浸泡下，易形成原电池机理而腐蚀槽体。为了防止槽体因腐蚀遭到破坏、造成酸碱液泄漏，应定期对槽体进行检查，发现问题，及时补焊处理。槽体与框架之间的焊缝采用断焊，焊接长度为 50mm，节距为 200mm，其余焊缝均为连续焊，焊缝高度为 6mm。焊接后、涂漆前应注水检查焊缝的严密，保证不渗漏。酸碱槽管网图如图 2-1-3 所示。

安装不锈钢槽体时，应根据现场地势考虑侧溢流箱的制作，以利于废液的排放。槽子应在严密性检查和涂漆后安装，如果漆膜损坏应修补。安装前，最好先在接触槽体底部的地面铺设一层玻璃棉制品。

槽体外面涂漆前应进行除锈。槽体地面以上部分先后涂过氯乙烯一层、过氯乙烯磁漆两层、过氯乙烯清漆四层，颜色与酸洗间主要设备颜色一致。槽体在放置玻璃棉制品前，所有槽体底部均涂沥青漆两层。槽体在地面以下部分涂沥青漆。

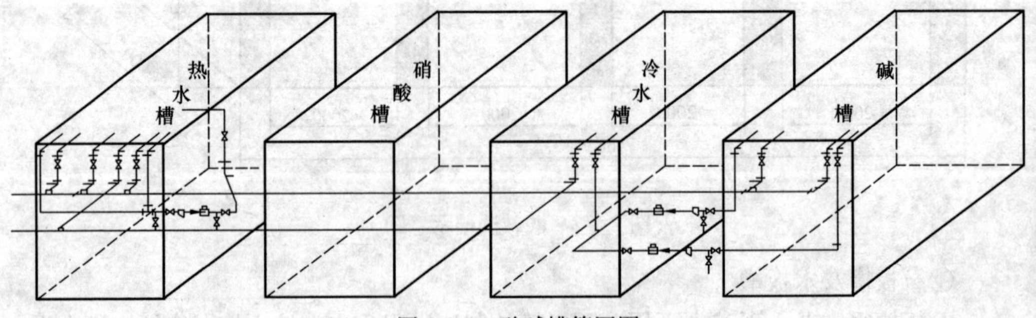

图 2-1-3　酸碱槽管网图

(2) 管道

管道主要包括冷水管、蒸汽管、排污管。冷水管用来输送冷水，蒸汽管用来输送蒸汽加热槽液，排污管用来排放污液。

为防止管道渗漏，所有管道焊接后先进行试压，试验压力为工作压力的 1.5 倍。为了防止腐蚀，管道还应进行涂漆与防腐处理。蒸汽主管还应加隔热层，以提高热能的利用率。

(3) 加热装置

加热装置的作用是对槽液进行加热，使槽液温度达到规定的要求。在酸槽和热水槽内铺入铅管或不锈钢管回路，然后在回路通入高压蒸汽，蒸汽通过铅管或不锈钢将热量传递至槽内液体中进行加热。蒸汽加热有两种形式：蒸汽直接加热和蛇形管内通入蒸汽。

1）直接加热法（图 2-1-4）

将蒸汽管直接插入槽液，打开蒸汽阀门，向槽液内通入蒸汽即可实现对槽液的加热。这种加热方式设备简单，操作方便，当蒸汽压力足够时，可将溶液加热到沸腾，在加热的过程中由于蒸汽的搅拌作用也可使溶液增加活性，从而加快酸碱洗速度。不足的是在加热过程中，水不断进入槽液，使溶液的浓度变稀，造成废液排量增加。

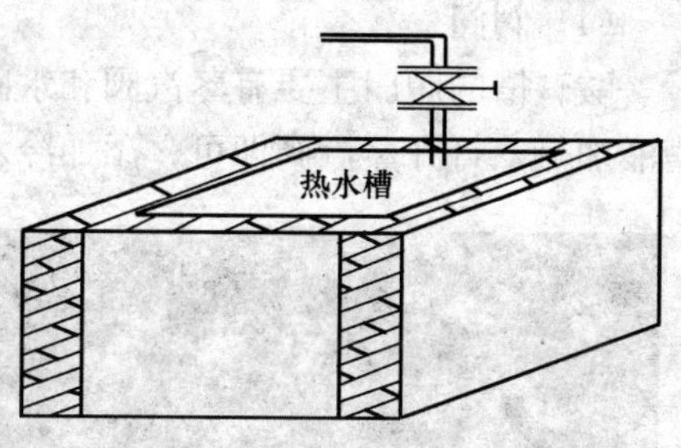

图 2-1-4 蒸汽直接加热示意图

这种蒸汽加热方式因其简单实用目前被酸碱洗企业普遍采用。

2）蛇形管内通入蒸汽加热法（图 2-1-5）

沿槽壁布设蛇形管，并确保槽液完全淹没蛇形管。加热时，打开蒸汽阀门，向

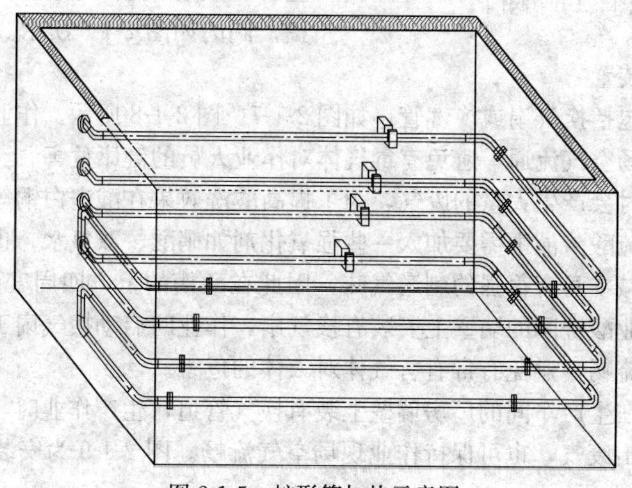
图 2-1-5 蛇形管加热示意图

蛇形管内通入蒸汽，即可实现对槽液的加热。这种加热方式可避免蒸汽对槽液的稀释，减少废液排放量，但成本较高，维护较麻烦。

3）电加热

利用电阻丝通电，电能转化为热能的工作原理。在槽子周围安装电加热元件，接通电源，加热元件通电发热，即可实现对槽液加热。切断电源，即可停止对槽液加热。

电加热又分为内热式和外热式两种，内热式是把加热元件直接安装在槽子内侧，与槽液接触，可实现对槽液直接加热；外热式则将加热元件安装在槽子外侧，热量通过槽子传递，从而实现对槽液加热。

电加热一般通过计算机或智能仪表进行温度控制。操作时，先接通电源，设定溶液温度，计算机或智能仪表就可将溶液温度控制在要求的范围内，非常简便。

（4）阀门

酸碱槽的阀门主要有蒸汽阀和水阀，蒸汽阀控制蒸汽流通，水阀控制水流。对槽液加热，打开蒸汽阀即可；添加冷水，打开水阀门即可。

图 2-1-6 阀门

阀门位置：阀门安装在气体、流体管道上，控制气体、流体的流通。

阀门操作：关闭气体、流体时，顺时针旋转阀门转盘到关紧；打开气体、流体时，逆时针旋转阀门转盘到适当位置。在开、关蒸汽阀门时，一定不要正面面对阀门，以免蒸汽喷出伤人。阀门虽然结构简单，但作用很大，工业上应用十分广泛。酸碱洗的蒸汽管道、水管上都安装有阀门，操作起来十分方便快捷。阀门如图 2-1-6 所示。

（5）通风装置

通风装置包括换气扇或换气管，如图 2-1-7、图 2-1-8 所示。作业时，开启通风装置，保持现场空气流通，避免有毒气体对作业人员的健康危害。

酸洗作业时会产生大量的废气，为了提高酸洗效果在酸洗白铜等氧化皮较致密的铜合金时在硫酸溶液中需要加入一些强氧化剂如硝酸、双氧水，也会产生大量的烟雾，加上酸碱本身有很强的刺激气味，因此在酸槽的上方四周安装有排风装置，目前大多数企业酸洗间的墙壁上安装有换气扇，作业时启动换气扇工作，即可保持作业现场空气流畅，避免有毒有害气体对人体的危害。

部分企业在生产车间的厂房墙壁上装有换气管道，生产作业时，启动换气管道工作，及时排出废气，也可保持作业现场空气流畅。图 2-1-9 为安装有换气扇的墙壁正视图。

图 2-1-7　换气扇

图 2-1-8　换气管道

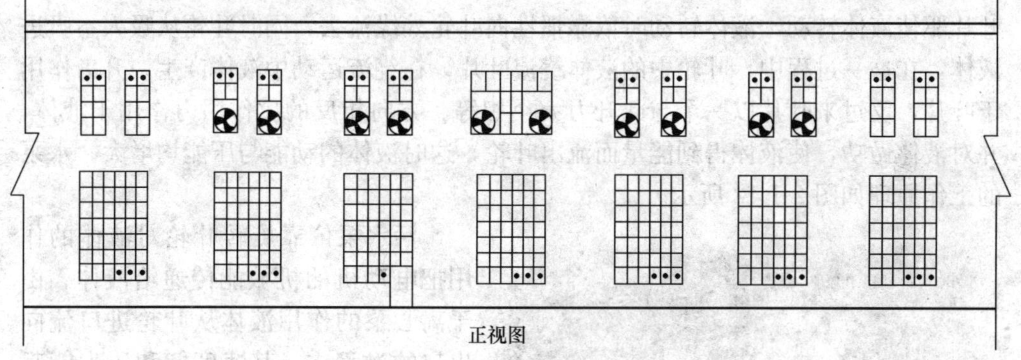

图 2-1-9　安装有换气扇的墙壁正视图

（6）吊运工具

吊运工具有电葫芦或天车。吊运工具用来吊运物料、器具。具体用哪种吊运工具进行吊运作业应根据制品的规格和厂家的设备配置而定。

（7）管理

由于酸碱有极强的腐蚀性，因此，酸洗间的房架及地面都应使用耐腐蚀的防腐材料建造。制品以及酸碱等辅料不能靠近酸洗槽堆放。上料、卸料作业也不应太靠近酸洗槽进行。制品、辅料通过天车吊运进出酸洗间。

酸洗间属危化品场所，与生产无关的人员应限制出入。进入酸洗间作业，应穿戴好防酸碱专用劳保用品。

2. 污水泵

污水泵的作用是抽排酸碱洗废液。图 2-1-10 为酸洗间，图 2-1-11 为污水泵。

（1）污水泵的构造

污水泵的主要过流部件有吸水室、叶轮和压水室。吸水室位于叶轮的进水口前面，起到把液体引向叶轮的作用；压水室主要有螺旋形压水室（蜗壳式）、导叶和空间导叶三种形式；叶轮是泵的最重要的工作元件，是过流部件的心脏，叶轮由盖板和中间的叶片组成。

图 2-1-10 酸洗间

图 2-1-11 污水泵

污水泵工作前，先将泵内充满液体，然后启动离心泵，叶轮快速转动，叶轮的叶片驱使液体转动，液体转动时依靠惯性向叶轮外缘流去，同时叶轮从吸入室吸进液体，在这一过程中，叶轮中的液体绕流叶片，在绕流运动中液体产生一升力作用于叶片，反过来叶片以一个与此升力大小相等、方向相反的反作用力作用于液体，并对液体做功，使液体得到能量而流出叶轮，这时液体的动能与压能均增大。水泵的工作原理如图 2-1-12 所示。

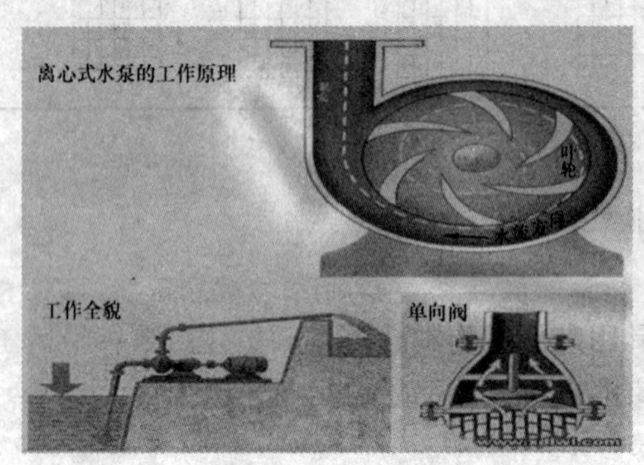

图 2-1-12 水泵的工作原理图

污水泵依靠旋转叶轮对液体的作用把电动机的机械能传递给液体。由于离心泵的作用液体从叶轮进口流向出口的过程中，其速度能和压力能都得到增加，被叶轮排出的液体经过压出室，大部分速度能转换成压力能，然后沿排出管路输送出去，这时，叶轮进口处因液体的排出而形成真空或低压，吸水池中的液体在液面压力（大气压）的作用下，被压入叶轮的进口，于是，旋转着的叶轮就可以连续不断地吸入和排出液体。

（2）污水泵的操作

将污水泵吸水管浸入待排废液中，出水端与废液排放管连好，再将泵内充满液体，然后接通污水泵电源，即可启动污水泵工作，废液排完后，必须立即切断污水泵电源，避免空转。

3. 设备状态

酸碱洗作业前，生产人员应按规定对设备进行确认，以保证设备处于完好状态，避免生产中事故的发生。

(1) 酸碱槽确认

检查酸碱槽，看槽体有无破损、渗漏。如果有，及时通知相关人员处理。

(2) 电器设备确认

看电线有无破损、裸露，启动电器设备，检查其运转是否正常、有无异常响声，如果发现设备异常，应停止使用，及时通知有关人员进行处理。

(3) 吊运设备确认

检查吊运装置各部件是否有破损、裂纹，钢丝绳是否有破损、断裂。料筐是否牢固、可靠。电葫芦各部件运行是否正常，各限位开关、限位行程是否正常。

(4) 管路确认

检查各冷水管、蒸汽管有无破损、渗漏；蒸汽管的保温材料有无裸露、破损。各设备经确认安全可靠后，才能进行酸碱洗作业生产。

1.1.3 酸、碱的基本知识

1. 氢氧化钠

氢氧化钠又叫苛性钠、火碱或烧碱，分子式 NaOH。

(1) 物理性质

外观与形状：纯净的氢氧化钠是白色固体，极易溶解于水，溶解时释放大量的热。它的水溶液有涩味和滑腻感（切不可用嘴尝或用手指接触）。常温常压条件下，沸点：1390℃（70%）；密度：$2.12g/mm^3$；熔点：318.4℃。

氢氧化钠有强烈的腐蚀性，在使用时必须十分小心。

(2) 化学性质

1) 氢氧化钠与酸碱指示剂的反应

氢氧化钠溶液能够使紫色石蕊试液变成蓝色，使无色的酚酞试液变成红色。

2) 氢氧化钠跟非金属氧化物的反应

氢氧化钠能跟二氧化碳或二氧化硫等非金属氧化物起反应，生成水和碳酸钠或亚硫酸钠。

$$2NaOH + CO_2 = Na_2CO_3 + H_2O$$

$$2NaOH + SO_2 = Na_2SO_3 + H_2O$$

3) 氢氧化钠跟酸的反应

氢氧化钠跟酸类起中和反应。例如：

$$2NaOH + H_2SO_4 = Na_2SO_4 + 2H_2O$$

4) 氢氧化钠跟某些盐的反应

氢氧化钠跟盐类（含钠、钾或铵等的盐除外）起反应，一般生成不溶于水的碱。例如：

$$CuSO_4 + 2NaOH = Cu(OH)_2\downarrow + Na_2SO_4$$

(3) 工业制法

氢氧化钠在工业中是制氯气过程的副产物。电解饱和食盐水直至氯元素全部变成氯气逸出，此时留在溶液里的只有氢氧化钠一种溶质。反应方程式为：

$$2NaCl+H_2O \longrightarrow 2NaOH+Cl_2\uparrow+H_2\uparrow$$

2. 硝酸

(1) 制法

硝酸的化学分子式 HNO_3，工业上一般用氨的催化氧化法制造硝酸，其制作步骤如下：

第一步：在氧化炉中用合金网作催化剂，使氨氧化成一氧化氮。

$$4NH_3+5O_2 \longrightarrow 4NO\uparrow+6H_2O$$

第二步：一氧化氮氧化成二氧化氮。

$$2NO+O_2 \longrightarrow 2NO_2\uparrow$$

第三步：二氧化氮被水（或稀硝酸）吸收生成稀硝酸。

$$3NO_2+H_2O \longrightarrow 2HNO_3+NO\uparrow$$

第四步：以上三步制得的硝酸质量分数只有 50%左右，如果要制浓硝酸，用硝酸镁或浓硫酸做吸水剂，将稀酸蒸馏浓缩，就可得到质量分数为 96%以上的浓硝酸。

(2) 理化性质

外观与形状：无色或淡黄色、透明且有吸湿性发烟液体。气味：具有刺激性气味，辛辣、窒息味。常温常压下，沸点：122℃（70%）；溶解性：互溶于水；密度：$1.41g/mm^3$（70%）。

(3) 化学特性

1）与酸碱指示剂起反应。稀硝酸能使紫色石蕊试液变成红色，无色的酚酞试液遇稀硝酸不变色。

2）能跟多种活泼金属起反应，一般生成盐和水。

3）硝酸能跟金属氧化物起反应，生成水和硝酸化合物。

$$6HNO_3+Fe_2O_3 = 2Fe(NO_3)_3+3H_2O$$

$$NiO+2HNO_3 = Ni(NO_3)_2+H_2O$$

4）跟碱起中和反应，生成盐和水。

$$HNO_3+NaOH = NaNO_3+H_2O$$

$$HNO_3+KOH = KNO_3+H_2O$$

5）硝酸自身不稳定，很容易分解。

$$4HNO_3 \longrightarrow 2H_2O+4NO_2\uparrow+O_2\uparrow$$

硝酸越浓越易分解，分解释放出的 NO_2 溶于硝酸中，使硝酸呈黄色。

硝酸的氧化性很强，容易使其他物质氧化。在空气中铝的表面能形成一层致密的氧化物薄膜，可阻止铝被进一步氧化，所以铝在浓硝酸中会发生钝化现象。

3. 硫酸

(1) 工业制法

硫酸的化学分子式为 H_2SO_4，工业用硫酸一般采用接触法制取。其化学反应原理是：先燃烧硫或金属硫化物制取二氧化硫；二氧化硫在适当的温度和催化剂作用下氧化成三氧化硫；三氧化硫与水化合而生产硫酸。

第一步：二氧化硫的制取：燃烧硫铁矿制取二氧化硫，化学反应式为：

$$4FeS_2 + 11O_2 \longrightarrow 2Fe_2O_3 + 8SO_2 \uparrow$$

第二步：二氧化硫氧化成三氧化硫，化学反应式为：

$$2SO_2 + O_2 \longrightarrow 2SO_3 \uparrow$$

第三步：三氧化硫与水化合而生产硫酸，化学反应式为：

$$SO_3 + H_2O \longrightarrow H_2SO_4$$

接触法制硫酸的流程图见图 2-1-13。

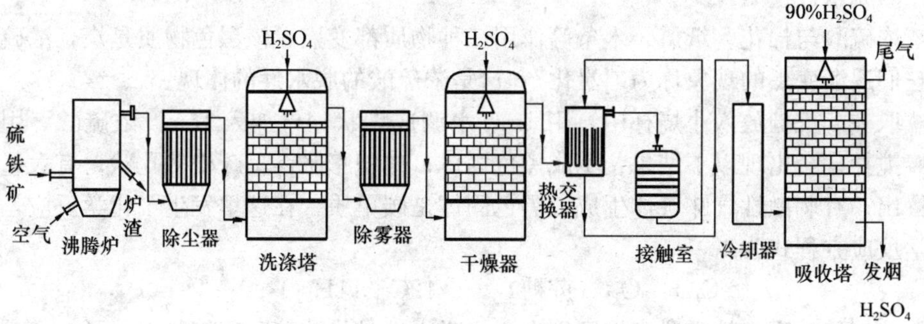

图 2-1-13　接触法制硫酸的流程图

(2) 性质

1) 理化性质

常用浓硫酸中 H_2SO_4 的质量分数浓度为 98%。硫酸是一种高沸点难挥发的酸，极易溶于水，能以任意比与水混溶。浓硫酸溶解时放出大量的热，因此，稀释浓硫酸应特别注意：①一定要把浓硫酸沿器壁慢慢地注入水里；②不断搅动，使产生的热量迅速扩散。浓硫酸与其他液体相互混合时也一定要注意上述两点，否则，易发生危险。

硫酸是强电解质，在水中能电离生成 H^+ 和 SO_4^{2-}：

$$H_2SO_4 = 2H^+ + SO_4^{2-}$$

硫酸除了具有酸的通性外，还具有其他一些特性。纯硫酸是一种无色油状液体，质量分数浓度为 98%，密度为 1.84g/mm³，其物质的量浓度为 18.4mol/L，浓度为 3%的硫酸的沸点是 338℃。浓硫酸有强烈的吸水性、脱水性和氧化性，浓硫酸能吸收空气中的水分，因此，在实验室中常用浓硫酸来干燥不与它起反应的气体。浓硫酸能按水的组成比脱去纸屑、棉花等有机物的氢、碳元素，使这些有机物发生变化，生产黑色的碳，所以浓硫酸对有机物有强烈的腐蚀性。

2）特性

①吸水性

将一瓶浓硫酸敞口放置在空气中，其质量、体积将增加，而密度、浓度将减小，这是因为浓硫酸具有吸水性。利用这一性质在实验室里硫酸常用来作干燥剂。浓硫酸不仅可以吸收空气中的水，还可吸收混在气体中的水蒸气、混在固体中的湿存水、结晶水合物中的部分结晶水。

浓硫酸的吸水性可以通过实验来证明：在试管中放少量胆矾并滴加少量浓硫酸，振荡，会发现固体由蓝变白，溶液无色。白色固体是无水硫酸铜，失去的结晶水与硫酸分子结合，生成稳定的硫酸水合物，并未成为溶剂，所以溶液仍无色，反应式为：

$$CuSO_4 \cdot 5H_2O + H_2SO_4（浓）\longrightarrow CuSO_4 + H_2SO_4 \cdot 5H_2O$$

②脱水性

浓硫酸与棉花、纸屑、木条等作用三种物质都变黑，该黑色物质是炭，浓硫酸将它们逐渐变黑的现象称为“炭化”，这是浓硫酸的脱水性的体现。

取20g蔗糖放入小烧杯中，用1mL水调成糊状，再加入15mL浓硫酸，用玻璃棒搅拌，会出现以下结果：生成黑色固体；体积膨胀，呈疏松多孔状；有大量蒸气冒出；有刺激性气味气体生成。黑色固体是碳单质，在这里发生了化学反应，其化学反应方程式为：

$$C_{12}H_{22}O_{11}（蔗糖）\longrightarrow 12C + 11H_2O$$

浓硫酸的吸水性和脱水性区别在于：吸水性是指浓硫酸直接与水分子结合；脱水性是指浓硫酸将许多有机物中的氢、氧元素按水的比例从有机物里“脱离”出来，结合成水分子。

③强氧化性

根据金属的化学性质，凡活动性排在氢前面的金属都能与稀硫酸反应，所以铁、锌能与稀硫酸反应。其化学方程式为：

$$H_2SO_4（稀）+ Zn \longrightarrow ZnSO_4 + 2H_2\uparrow$$

$$3H_2SO_4（稀）+ 2Al \longrightarrow Al_2(SO_4)_3 + 3H_2\uparrow$$

$$H_2SO_4（稀）+ Fe \longrightarrow FeSO_4 + 2H_2\uparrow$$

在常温下，浓硫酸能使金属钝化。浓硫酸跟铁、铝等接触时，能够使金属表面生成一层薄而致密的氧化物薄膜，从而阻止内部的金属继续跟硫酸反应，这种现象叫金属的钝化，因此，冷的浓硫酸可用铁或铝的容器储存。

加热时，浓硫酸氧化性很强。在加热条件下，浓硫酸能氧化不活泼的金属（如铜）或炭等非金属。化学反应方程式为：

$$Cu + 2H_2SO_4(浓) \longrightarrow CuSO_4 + SO_2\uparrow + 2H_2O$$

$$C + 2H_2SO_4(浓) \longrightarrow CO_2\uparrow + 2SO_2\uparrow + 2H_2O$$

浓硫酸还具有高沸点和难挥发性，利用浓硫酸的这个性质，可以用它来制取盐酸：

$$2NaCl（固）+H_2SO_4（浓）=Na_2SO_4+2HCl\uparrow$$

3）用途

①利用其酸性可制磷肥、氮肥，可除锈，可制实用价值较大的硫酸盐等。

②利用其吸水性，在实验室浓硫酸常用作干燥剂。

③利用其脱水性，常用作精炼石油的脱水剂、有机反应的脱水剂等。

④利用其高沸点难挥发性，常用于制取各种挥发性酸。

⑤利用其溶液的导电性，可作为蓄电池的电解液。

⑥硫酸跟氨气反应生成硫酸铵（肥田粉），反应式为：

$$2NH_3+H_2SO_4=(NH_4)_2SO_4$$

每生产1000kg的硫酸铵要消耗750kg的硫酸。

⑦硫酸跟磷矿粉反应生成过磷酸钙（普钙），反应方程式为：

$$Ca_3(PO_4)_2+2H_2SO_4=Ca(H_2PO_4)_2+2CaSO_4$$

每生产1000kg的过磷酸钙要消耗360kg的硫酸。

近年来，由于尿素、碳酸氢铵、硝酸铵、氨水逐渐代替硫酸铵，使硫酸用于生产氮肥的用量有所减少，但其用于磷肥的量仍有所增长。有机合成工业也需要大量的硫酸。用硫酸可生产多种磺化产品和硝化产品。例如将苯酚先经磺化再经硝化，可制得苦味酸。每生产1000kg的苦味酸要消耗360kg的硫酸。苦味酸是黄色晶体，可用作炸药和制造染料。此外，每生产1000kg锦纶要消耗1700kg的硫酸。在石油工业中，需要用浓硫酸洗涤石油产品，以除去其中的硫化物和不饱和化合物。例如生产1t柴油要消耗31kg硫酸。

在金属工业中，精炼铜、锌等金属时，用硫酸来配制它们的电解液；电镀、搪瓷工业需用硫酸洗去铁制品表面的铁锈。此外，硫酸可用来生产多种无机酸盐，在原子能工业中，硫酸人量用于提取铀等。总之，硫酸在国民经济的各个方面都具有广泛用途，在有关化学工业方面尤其重要，所以硫酸被誉为化学工业的发动机。

4. 盐酸

（1）工业制法

盐酸的分子式HCl，工业用盐酸一般采用合成法，步骤如下：

第一步：氯化氢的合成 $H_2+Cl_2\longrightarrow 2HCl$。

第二步：氯化氢的冷却由1000℃冷却到140～250℃，使它溶于水。

第三步：氯化氢吸收在吸收塔中吸收氯化氢。

合成法制盐酸流程图如图2-1-14所示。

（2）性质

盐酸是HCl气体的水溶液，人们习惯上用该溶质的化学式HCl来代表盐酸。

1）物理性质

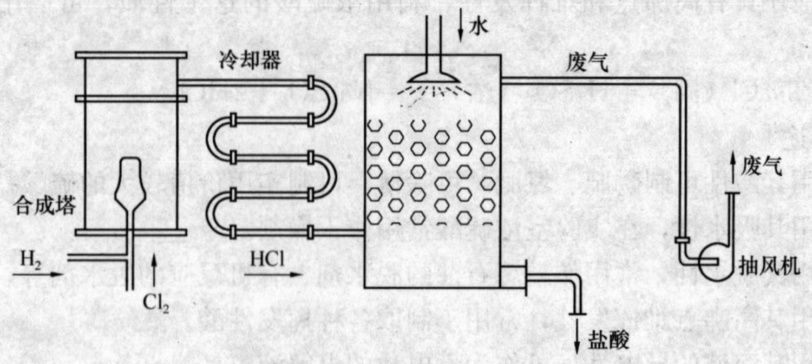

图 2-1-14 合成法制盐酸流程图

纯净的盐酸是无色、透明的液体，有刺激性气味，易挥发。用合成法制成的盐酸质量分数浓度为 31%，密度为 1.19g/mL。工业用盐酸的质量分数浓度为37%～38%。呈淡黄色。

2）酸的通性

①盐酸＋金属＝盐＋氢气

$$2HCl + Fe = FeCl_2 + H_2\uparrow$$

$$2HCl + Zn = ZnCl_2 + H_2\uparrow$$

②盐酸＋金属氧化物＝盐＋水

$$2HCl + CuO = CuCl_2 + H_2O$$

$$6HCl + Fe_2O_3 = 2FeCl_3 + 3H_2O$$

③盐酸＋碱＝盐＋水

$$HCl + NaOH = NaCl + H_2O$$

$$2HCl + Ca(OH)_2 = CaCl_2 + 2H_2O$$

3）工业应用

在酸洗工艺中，因为盐酸的腐蚀性强，酸碱洗后制品的表面质量好，且酸洗速度比硫酸的酸洗速度快一倍多，所以在钢铁行业几乎所有酸洗生产线都使用盐酸作为酸洗介质，但有色行业中使用较少，在铝材酸洗中一般不用盐酸。

5. 氢氟酸

(1) 性质

氢氟酸是氟化氢的水溶液，无色，具有强烈的腐蚀性，密度：1.27g/cm³。尽管理论上氢氟酸是一种弱酸（这是因为氢原子和氟原子间结合的能力相对较强，使得氢氟酸在水中不能完全解离），但是氢氟酸却能够溶解很多其他酸都不能溶解的物质，如玻璃（二氧化硅），反应方程式如下：

$$SiO_2 + 6HF \longrightarrow H_2SiF_6 + 2H_2O$$

氢氟酸还原性很强，所以氢氟酸能够溶解绝大多数无机氧化物。

(2) 存储

必须储存在塑料容器中（最好放在聚四氟乙烯做成的容器中）。如果要长期储存，不仅需要将容器密封，还应尽可能先将容器中的空气排尽。

(3) 制造

工业上用萤石（氟化钙 CaF_2）和浓硫酸来制造氢氟酸。

加热到250℃时，这两种物质便反应生成氟化氢。反应方程式为：

$$CaF_2 + H_2SO_4 \longrightarrow 2HF\uparrow + CaSO_4$$

这个反应生成的蒸气是氟化氢、硫酸和其他几种副产品的混合物。在此之后氟化氢可以通过蒸馏来提纯。

(4) 用途

由于氢氟酸溶解氧化物的能力很强，在铝和铀的提纯中起着重要作用。氢氟酸也用来蚀刻玻璃，半导体工业中常使用它来除去硅表面的氧化物；在炼油厂中它可以用作异丁烷和丁烷的烷基化反应的催化剂；除去不锈钢表面的含氧杂质过程中也会用到氢氟酸；氢氟酸也用于多种含氟有机物的合成，比如 Teflon（聚四氟乙烯）、氟利昂一类的致冷剂。

(5) 安全性

在人体内部，氢氟酸能与钙离子和镁离子反应，正因为如此，它会使靠以上两种离子发挥机能的器官丧失作用。接触、暴露在氢氟酸中一开始可能并不会疼痛，而症状可能直到几小时后氢氟酸与骨骼中的钙反应时才会出现。如果不进行及时处理，最终可能导致心、肝、肾和神经系统的严重损伤，甚至致人死亡。

接触氢氟酸后的初始救护措施通常包括在接触部位涂上葡萄糖酸钙凝胶。如果接触范围过广，或者延误时间太长，医护人员可在动脉或周围组织中注射钙盐溶液。无论如何，接触氢氟酸后必须得到及时并且专业的护理。即使能得到及时治疗，如果身体表面2%的面积暴露在氢氟酸中也是致命的。吞服高浓度的氢氟酸溶液会导致急性的低血钙症，因心脏停止跳动而死亡。

(6) 安全防护

1) 危险特征

吸入或皮肤接触致死。这种产品严重损害黏膜、呼吸系统、眼睛和皮肤的细胞组织。吸入诱发痉挛、炎症、支气管水肿、肺炎和肺气肿。暴露中毒后有高热感觉、咳嗽、气喘、喉炎、呼吸急促、头疼、恶心和呕吐。

2) 急救措施

皮肤和眼睛接触后，立即用大量的水和肥皂清洗至少15分钟，脱掉被污染的衣物和鞋。吸入后，呼吸新鲜空气。如果窒息，对伤员进行人工呼吸，若伤员呼吸有困难应进行输氧。若伤员神志清醒，可饮用125～250mL的水或牛奶。

3）消防措施

合适的灭火介质：化学干粉。

灭火方法：戴上呼吸装置和防护衣以避免同皮肤及眼睛接触。

火灾和爆炸危险：与火接触可释放有毒气体并可能引起容器爆炸。

4）泄漏措施

穿戴自动呼吸器、长筒靴和手套，用砂或蛭石吸干并将其储存于密闭容器中，然后撤离事故现场，并对现场进行通风和冲洗。

5）处理和储存

与玻璃或其他含硅的产品接触能析出四氟化硅；任何与氯化物和硫化物接触能产生氰化物和硫化氢巨毒气体；与碳酸盐反应能产生二氧化碳；与N-苯基哌啶、锰酸钾、铋酸、氟化物、金属氧化物有强烈反应，并作用于水；与活性金属接触将释放出可能导致火灾和爆炸的氢气。

6）个人防护

戴防毒面具、防护手套和安全护目镜，穿防护服。避免与皮肤、眼睛和衣服接触，避免长时间或频繁地暴露。操作之后要仔细冲洗。

1.1.4 酸碱的储存和搬运

1. 酸的储存方法

盐酸、硝酸容易挥发，而硫酸有吸水性，酸属危化品，有强烈的腐蚀性，生产中必须严格按危化品的规定进行储存。

（1）储存容器

盛放酸的容器应标示危化品，材料可为铝、不锈钢、玻璃、塑料等不与酸发生反应的材质，盛放酸的容器应牢固、无破损、无渗漏，为避免其发生渗漏，储桶至少每周检查内部压力一次，不用时应盖紧密封，避免受损，防止酸挥发或吸湿。

（2）存放地点

盛放酸的容器应放在安全、阴凉、干燥、通风的地方，避免阳光直射或靠近热源、火源；不得与碱、金属粉末等物质混放；附近不得存放木材、油料等可燃物，以防酸与这些物质接触引起燃烧；储存区的照明、通风设施、房架、地面应采用耐腐蚀的建材制造；储区内或附近应备有立即可用的灭火器材。

（3）存放要求

限量储存并定期检查容器是否损坏或泄漏，禁止让存放酸的容器受压，空容器可能有残留液，亦具危害性，也应按要求进行存放。

2. 酸的搬运方法

酸的腐蚀性强，能强烈腐蚀人的皮肤、衣服和许多物品，搬运和使用酸时要特别小心，搬运人员必须掌握酸的物理化学特性，知悉酸的储存、运输、发放、使用等管理及安全措施，同时具备搬运中出现问题时采取应急措施的能力。

搬运作业前必须穿戴专用劳动保护用品，戴好口罩、橡胶手套，并认真检查盛装酸液的容器是否牢固、安全，有无渗漏。严禁超量搬运，防止泄漏。

领回的酸必须妥善管理，要求尽快配制使用，吊运酸碱时应轻吊轻放，以免损伤容器发生泄漏。

注意：浓酸不要放在容易发生碰撞的通道上，工作室内不宜存放大量的浓酸，不宜用下口瓶存放浓酸。

3. 碱的储存

氢氧化钠暴露在空气里容易吸收水分，表面潮湿而逐步溶解，发生潮解现象，它还能与空气中的二氧化碳起反应。

（1）储存容器：氢氧化钠必须密封保存，氢氧化钠一般装在铁质桶内或塑料袋内。

（2）存放地点：储存在干燥清洁的仓内，注意防潮、防水，与强酸、金属及易引燃物质分开存放。

（3）存放要求：按指定位置分类存放，不得混存混放，标识要明确，堆码整齐，物品间保持安全距离，严禁烟火，存放区应阴凉、干燥、通风良好。

4. 碱的搬运

搬运人员知悉强碱类化学危险品储存、运输、发放、使用等管理及安全措施，工作时戴上防护眼镜和手套，必须掌握强碱危险化学品的物理化学特性，具备出现问题时采取应急措施的能力。

搬运碱时，一次不能多拿，更不准用肩扛，应轻装轻卸，分装时注意个人安全。

5. 酸碱的储存及搬运规定

酸碱是化学工业产品，有一定的腐蚀性，接触衣物，会损害衣物，溅到皮肤上，会损伤皮肤，所以，酸碱搬运必须按酸碱搬运方法进行，避免发生安全事故。酸碱的储存及搬运应遵循以下一些原则：

（1）存放酸碱的容器不得与酸碱发生化学反应。

（2）存放酸碱的容器应密封，避免与空气直接接触，避免酸碱外泄。

（3）不得直接用手接触酸碱。接触酸碱，应按规定穿戴好劳保用品。

（4）酸碱运输、储存，搬运应按相应的专门规程执行。

6. 酸碱的储存及搬运管理规定

（1）操作人员必须培训上岗，严格遵守操作规程。

（2）酸碱储存在指定位置，由专人负责管理。

（3）储存酸碱的场所应远离火源、爆炸源，防火、防盗措施齐全，无关人员不得进出。

（4）酸碱入库或搬出必须建立台账，记录由专门管理的人员负责填写。

（5）搬运酸碱，应先穿戴好劳保用品，不得用手直接接触酸碱。

（6）储存酸碱的容器必须结实牢固，不得有破裂、渗漏。

（7）吊运酸碱的绳索必须完好、牢固。吊运时应轻吊轻放。

1.2 工艺操作

1.2.1 装料、卸料

1. 装料、卸料工具

（1）吊夹钳

钳子是用来夹持、翻转、吊运制品的工具，为夹持不同形状的坯料和不同的使用要求，钳子的结构形式很多。生产前生产人员应仔细对钳子进行检查，看链条、销子（或钢丝绳）等有无破损、开裂，存在安全隐患的钳子应停止使用。不能超负荷或超钳子规格使用，每种钳子都有额定负荷和尺寸规格要求，超范围使用容易造成钳子损坏，出现安全事故。自紧夹钳如图 2-1-15 所示，吊钳如图 2-1-16 所示，专用夹子如图 2-1-17 所示。

图 2-1-15 自紧夹钳

图 2-1-16 吊钳

1）简单自紧夹钳

这种夹钳主要用于夹持体积较大、重量较重的单件制品。作业时，先将钢绳或小链环挂在天车副钩上，天车提升副钩，夹钳的下钳口收紧，然后指挥天车将夹钳吊运到制品正上方，再将夹钳缓缓落在制品上，落下钳口夹住制品，启动天车提升副钩，在杠杆原理作用下，钳口即可夹紧制品；卸料时，副钩下降，制品落地，天车卸重，在杠杆原理作用下，下钳口即可松开，达到卸料目的。

2）专用夹子

先将制品夹在专用夹子上，再利用天车等吊运工具吊运。这种方式主要针对厚度比较薄的板材，可以一次性同时对多张板材进行酸碱洗作业。

3）四爪吊钳

使用方法：先将小链环挂在天车副钩上，钳爪张开将制品罩住，提升副钩（也可用把杆取代小链环，操作者提升把杆即可使钳爪自如张开），再将大链环挂在天车主钩上，提升主钩，钳爪闭合将制品夹紧。它主要用于装料、卸料和制品的运输，使用方便，灵活可靠。

4）自动翻转吊钳

它主要用于圆形制品的翻转、直立，也可用于制品的搬运。

（2）料筐

料筐的作用就是盛装制品。根据制品的种类及大小，料筐的形状和样式各异。对于硝酸和氢氧化钠为溶液的酸碱洗，料筐一般是不锈钢材质的，因为不锈钢与硝酸和氢氧化钠不发生化学反应。如果一次酸碱洗多件制品，为了制品与制品之间能充分渗入酸碱溶液，料筐应分隔成多层（制品为板片）或多格。酸洗料筐如图2-1-18所示。

图 2-1-17 专用夹子

图 2-1-18 酸洗料筐

（3）天车吊运物料

双梁桥式起重机作业是由地面操作人员选配吊具挂物并指挥，起重机操作人员在操纵室操纵控制手柄完成，因此使用双梁桥式起重机吊运物料，地面操作人员应按以下步骤操作：

1）选用吊具、吊绳

吊具、吊绳选用，对安全吊运物料起着至关重要的作用，操作人员必须熟悉起重基础知识，针对起吊物及作业现场状况，依据起重基础知识要求，选用吊具、吊绳。

2）挂物

在使用吊具、吊绳挂物吊运过程中，要注意挂牢吊运物，并使其保持平衡，避免吊物滑落酿成事故。

3）指挥

双梁桥式起重机作业的整个过程是由地面操作人员和空中起重机操作人员配合完成的，要准确无误地实现吊运，地面操作人员必须给出规范正确的指挥信号使空中起重机操作人员理解，依据地面操作人员手势指挥信号进行操作。

4）吊运安全

据有关统计数据显示，国内每年工业事故人身伤害中，起重吊运占15%。因此，地面作业人员在吊运过程中，除了合理选用吊具、吊绳，止确挂物和指挥外，还要始终使自己处在安全的位置上，不能把自己置于起吊物下或死角位置，造成起吊物滑落砸伤或挤伤人事故。

2. 装料

(1) 装料作业程序：核对物料→装料→检查

首先按生产卡片和生产任务单找到对应的制品，核对其合金、状态、批号、规格、数量等内容，确认准确无误后才能装料。装料前，先对专用装料工具、吊具进行仔细检查，确保安全可靠。装料时应轻吊轻放，避免碰伤制品表面；要保证制品与制品间留有足够的间隙，使酸、碱液能与制品表面充分接触；制品摆放位置稳妥，避免作业过程中制品与制品发生碰撞而损伤制品表面；在料筐间隙大的地方可以用铝丝、铁链等把制品兜住，防止制品掉入酸碱洗槽中，在铁链与制品接触处，用较软的铝板垫好，避免铁链勒伤制品。料装好后，再对其进行仔细检查，确认装料牢固可靠。

(2) 装料的原则

装料应遵循以下几个原则：

1) 制品在筐内的摆放位置和方向应有利于槽液流出，不兜槽液。

2) 控制装料高度和位置，保证酸碱洗作业时槽液没过所有制品顶部。

3) 制品不从料筐掉入蚀洗槽。

4) 装完后关上蚀洗筐活动门。

3. 卸料

酸碱洗作业结束后，应把制品及时卸下并垛放好，卸料时应轻吊轻放，以免损伤制品的表面，存放制品的地方应干净、清洁，防止制品二次污染，制品之间要有一定间隙，以利于空气流通和水分挥发。

酸碱洗作业结束后，应把制品及时卸下，垛放好。垛放制品，要轻吊轻放，注意保护好制品表面，存放制品处应干净清洁，防止制品被二次污染。制品与制品之间，要留有一定间隙，以利于空气流通，水分挥发。特殊表面要求的制品应放在专用的料架上或料筐里。制品应按品种及批次放在规定的区域内，符合定置管理的要求。吊运时要使用尼龙绳或专用吊具，避免划伤、勒伤、扭拧制品，做到轻吊轻放。

对于型材、管材、棒材、线材等制品，垛放后，可以用较软的绳索或铝带将制品捆扎好，捆扎时，既要防止因捆扎过紧使制品变形、损伤，也要避免捆扎不紧使制品垮散。

4. 产品标识

(1) 产品标记的相关知识

产品标记系指产品的合金牌号、状态、规格、数量（或重量）、批号（铸锭为熔次号）、顺序号、部件号（产品代号）、检验印记、生产厂名等。产品标记也就是产品的身份标识，包括来料产品标记、来料产品不合格标记、酸洗后成品标记、废品标记、待处理品标记等。只要能将不同的产品区分和不损害产品功能的原则上，标记可以用喷码、打钢印、加盖印章、挂牌或粘贴标牌、用记号笔标注等。对产品进行标记，即可保证不同产品间的可识别性，也是确保产品的可追溯性。生产工序中的半成品印记（合金牌号、状态、熔次号、批号、顺序号等）按各企业的规定进行标记，标记内容应与生产随行卡片相符。

（2）制品标识

每件（筐）制品生产完后，作业人员应及时对制品进行标记，标记作为一个标签，挂在相应的制品上，标记内容包括：批号、合金牌号、状态、规格、数量等。待处理品要进行特殊标记，防止与正常产品混料。

（3）标识的注意事项

制品的标识应及时、规范、清晰。这里，有必要强调“及时”的重要性。在实际生产中，经常发生混料的情况，这主要是由于没有及时作标识，以致时间久了，制品多了，生产人员自己也区分不清了。为避免发生差错，生产人员作好标识后，还应将标识的内容与物料、生产任务单进行仔细核对，准确无误。

1.2.2 酸碱洗原理

1. 金属材料表面处理方法

无论用何种方法加工的制品，表面都不同程度地存在着污垢和缺陷，如灰尘、金属氧化物、残留油污、手印、轻微划伤等。因此在氧化处理前或进行下一道加工工序前，用化学和物理的方法对制品的表面进行必要的清洗，使其裸露纯净的金属基体，才能够得到比较理想的材料表面，这种表面清洗过程叫表面预处理。表面预处理的过程一般是：脱脂→水洗→碱蚀洗→水洗→中和→水洗，其中的水洗→碱蚀洗→水洗→中和→水洗过程一般就称为酸碱洗。通过酸碱洗，制品表面的氧化皮、脏物、油污得以去除，从而确保了制品的表面质量优良。

（1）有机溶液脱脂

有机溶液脱脂是利用油脂易溶于有机溶剂这一特点的一种脱脂方法。有机溶剂既能溶解皂化油，也能溶解非皂化油，具有很强的脱脂能力。较常用的有机溶剂有：汽油、煤油、酒精、乙酸异戊酯、乙酸乙酯、丙酮、四氯化碳、三氯乙烯等。但只进行脱脂，制品很难获得理想的表面，往往残留有薄油层，需进行碱洗以作为补充处理，且绝大多数有机溶剂易燃、易挥发或者分解，有的蒸汽有麻醉作用甚至有毒性；其次有机溶剂价格较贵，大量使用时不便于管理。因此除少批量小型的或是极为污秽的制品外，一般不用这类物质脱脂。

（2）表面活性剂脱脂

表面活性剂是一些在很低的浓度下能显著降低液体表面张力的物质。常用于脱脂的有肥皂、合成洗涤剂、十二烷基硫酸钠、十二烷基苯磺酸钠等。合成洗涤剂与肥皂相比，其优点在于可以节约大量油脂，而且不会像肥皂那样生成硬脂酸钙和硬脂酸镁沉淀，溶液可用硬水配置。

(3) 碱性溶液脱脂

碱性溶液脱脂是表面预处理中最主要的脱脂方法之一。碱性脱脂溶液的配方相当多，目前较多采用磷酸钠、氢氧化钠和硅酸钠的传统工艺。磷酸钠、硅酸钠在溶液中，除了起缓蚀、湿润作用外，还可因水解生成游离碱而控制氢氧化钠含量在变化时溶液保持稳定。对溶液加热和搅拌均有助于获得最好的脱脂效果。

(4) 酸性溶液脱脂

油脂在酸存在的条件下也能进行水解反应生成甘油和相应的高级脂肪酸。在溶液中添加适量的润湿剂和乳化剂，有利于油脂的软化游离、溶解和乳化，提高脱脂效果。

(5) 电解脱脂

电解脱脂的电解质可用稀氢氧化钠溶液，浓度为10～20g/L，可少加或不加乳化剂。电解在室温下进行，也可适当提高溶液的温度，以增加导电性，加速脱脂。提高电流密度，气体析出加剧，也能加快脱脂过程，一般采用的电流密度为4～8A/dm^2。电解脱脂常用的是阴极电流，阳极可用钢板，最好用镀镍钢板。电解脱脂与化学脱脂比较，有速度快、效率高、脱脂彻底的特点，但对金属表面不能产生较高的化学浸蚀率，因此在铝及铝合金表面处理中不常用。

铝制品脱脂除了上述几种方法外，还有乳化脱脂，它所用溶液为互不溶解的水与有机溶剂组成的两相或多相溶液，并添加有降低表面张力及对各相均有亲和力的去污剂。在这些方法中，以碱性溶液特别是热氢氧化钠溶液的脱脂效果最为有效，也是最经济和最安全的。

2. 酸碱洗原理

(1) 铜材酸碱洗

铜及铜合金与酸液（硫酸）的化学反应式如下：

$$CuO+H_2SO_4\longrightarrow CuSO_4+H_2O$$

$$Cu_2O+H_2SO_4\longrightarrow Cu+CuSO_4+H_2O$$

酸洗时，铜材表面的氧化层（主要由氧化铜及氧化亚铜组成）被硫酸溶解。对于表面氧化比较重的铜材，以及铜合金中含有Be、St、Ni元素的特殊青铜、白铜产品，可以在硫酸的基础上加入少量的硝酸（HNO_3）来提高其酸洗效果，其反应式为：

$$4HNO_3+H_2SO_4+2CuO\longrightarrow CuSO_4+Cu(NO_3)_2+2NO_2+3H_2O$$

加入少量的氧化剂重铬酸钾（$K_2Cr_2O_7$）也可以强化酸洗效果，其反应式为：

$$K_2Cr_2O_7+2H_2SO_4+3Cu_2O\longrightarrow CuSO_4+Cu_5(CrO_4)_2+2H_2O+K_2SO_4$$

因为会恶化劳动条件和影响环境质量，在使用硝酸和重铬酸钾时需要十分慎重。

(2) 钛材碱酸洗

生产中钛材采用的碱酸洗是一种化学蚀洗氧化皮的方法，它分为两个阶段进行：去除氧化皮或者使其破碎（疏松），即碱洗；在酸洗中对吸气层进行腐蚀，即酸洗。该方法可以去除各种状态下的氧化皮。该方法的优点有：去除氧化皮时损失不多；使酸洗槽的生产能力提高。不必用机械的方法预先疏松氧化皮，可保证获得最高质量的表面。

1）碱洗

钛材碱洗是复杂的化学反应过程，碱洗在熔融的碱液中进行，含有氧化剂（硝酸钠或硝酸钾）的氢氧化钠溶液与氧化皮作用，钛材及其氧化物与碱反应生成可溶性钠盐或使氧化皮疏松，在随后的水淬或酸洗中除去。钛及钛合金及其氧化物与含有氧化剂的熔融碱作用生成可溶性钛酸盐，其反应式如下：

$TiO_2 + NaOH \longrightarrow Na_2(TiO_4) + H_2O$

或 $TiO_2 + NaOH \longrightarrow Na_2(TiO_3) + H_2O$

$Ti + NaOH + O_2 \longrightarrow Na_2(TiO_3) + H_2$

2）酸洗

钛及钛合金加工材去除氧化皮几乎都要经过酸洗。一般酸洗前应经过熔融碱洗或机械破磷喷砂等处理。600℃以下形成的轻微钛氧化膜可直接酸洗除去。金属在酸洗液中溶解，基本上是一种电化学现象，其结果是形成金属离子，如钛在还原酸中时：

$$Ti \longrightarrow Ti^{3+} + 3e^-$$

钛及钛合金酸洗是在含有氢氟酸或氟化物的混合酸中进行，其反应式：

$$2Ti + 6HF \longrightarrow 2TiF_3 + 3H_2$$

$$3Ti + 4HNO_3 + 12HF \longrightarrow 3TiF_4 + 8H_2O + 4NO$$

酸洗时产生的分子氢有扩散到金属内部的倾向，可能导致金属氢脆。

$$ZrO_2 + 6HF \longrightarrow H_2ZrF_6 + 2H_2O$$

（3）铝材碱蚀洗

氢氧化钠和铝材表面氧化膜发生化学反应，生成偏铝酸钠和水，然后，氢氧化钠和基体铝发生化学反应，其化学反应方程式如下：

$$Al_2O_3 + 2NaOH = 2NaAlO_2 + H_2O$$

$$2Al + 2NaOH + 2H_2O \longrightarrow 2NaAlO_2 + 3H_2\uparrow$$

为突出铝在碱溶液中发生电化学腐蚀、氢气激烈析出这一反应特点，常用离子方程式表示如下：

阳极反应：$Al + 4OH^- \longrightarrow AlO_2^- + 2H_2O + 3e^-$

阴极反应：$2H_2O + 2e^- \longrightarrow H_2\uparrow + 2OH^-$

蚀洗溶液的基本组成是普通的氢氧化钠，通常也可以加入以下添加剂：

1）调节剂

加入调节剂有助于提高蚀洗速度，改善溶液的蚀洗效果，从而获得更好的蚀洗表面。这种添加剂通常有氟化钠、硝酸钠、氮化钠等。

2）结垢抑制剂

铝制品碱洗时，表面自然氧化膜和铝基体的腐蚀都生成偏铝酸钠，当溶液中铝含量为45～100g/L，偏铝酸钠就不断水解，生成氢氧化铝和游离的氢氧化钠，化学反应方程式为：

$$NaAlO_2+2H_2O = Al(OH)_3+NaOH$$

$Al(OH)_3$是不溶于水的白色胶状物质，它紧密地覆盖在槽壁、加热装置的管道上，在加热的情况下发生脱水反应。化学反应方程式为：

$$2Al(OH)_3 \longrightarrow Al_2O_3+3H_2O$$

经过长时间的脱水、沉积，在加热装置的管道上就会形成厚且坚硬的Al_2O_3白色壳垢，因此，必须定期予以清除。如果溶液中有结垢抑制剂，氢氧化铝便会以泥浆状沉积于槽底。常用的结垢抑制剂有葡萄糖酸盐、庚酸盐、酒石酸盐、糊精及阿拉伯胶等。

3）去污剂

去污剂的作用是提高清洗效果，除去一些难以去掉的油迹。碱洗溶液组成通常是根据制品的用途和表面质量要求来确定，氢氧化钠浓度一般为4％～10％，最多不超过15％，溶液的温度为40～90℃。用于装饰的民用建筑铝材，一般采用氢氧化钠或添加结垢剂组成的溶液，温度为55～60℃。

3. 酸碱洗工艺

作业前操作人员应先仔细阅读交接班记录，掌握前一班的生产情况及酸碱洗质量情况；确认酸碱的浓度、温度及热水温度符合工艺要求，各槽液清洁、液位合适，确认各设备运转正常，无安全隐患，再查阅当班的生产作业任务单，明确当班生产任务，并对制品进行核实。

（1）铝材的酸碱洗工艺流程

碱洗→水洗→酸洗→冷水洗→热水洗

（2）铜、钛、镁合金酸碱洗的工艺流程

酸洗→冷水冲洗→热水浸泡→晾干

（3）钛材碱酸洗工艺流程

碱洗→水淬→高压水洗→酸洗→水洗→干燥

（4）碱酸洗工艺流程

①装筐。

②在熔融碱槽中碱洗。

③水淬，碱洗后立即水淬，使氧化皮脱落。

④高压水5～10kg/cm²。

⑤在酸液中酸洗，去除残留在表面的氧化皮，使之光亮。

⑥水槽中水洗，洗去残酸。

⑦干燥箱中干燥。

⑧卸筐。

4. 酸碱洗的质量要求

铝板蚀洗后，表面需用毛巾擦干净，不允许有油泥、脏物、水痕、酸碱痕。吊运时，要注意保护表面，避免吊钳、钢丝绳等碰伤或擦伤表面；酸碱溶液、冷热水需保持清洁干净，及时更换。为确保酸碱浓度符合工艺要求，生产人员需定期取样进行分析。

铜及铜合金材料经热加工（包括挤压、非保护性热处理等）后，需要采取酸洗方式清除表面残留的氧化层。酸洗后的材料一般要进一步进行清洗（冷水洗或热水洗）和干燥来保证酸洗的效果。生产中对酸洗工艺的要求包括：氧化物清除干净；酸洗时间短；酸的利用率高。

1.2.3 酸碱槽表面悬浮物的产生原因及清除方法

1. 表面悬浮物产生原因

酸碱洗工序酸碱槽表面悬浮物主要有：泡沫、灰尘、非金属残渣、油污。铜材在酸洗的过程中产生的表面漂浮物一般为油、铜粉或灰尘。

（1）泡沫

泡沫主要在碱槽槽液的表面。在碱洗过程中，会发生以下反应：

$$2Al + 2NaOH + 2H_2O \longrightarrow 2NaAlO_2 + 3H_2 \uparrow$$

实际生产中，会发现碱洗时大量的气体溢出，残留的气体、碱液与碱槽中的有机油污一起形成了泡沫。由于泡沫含有油污、脏物，如果残留在制品的表面，会影响制品的表面质量，所以应予以清除。

（2）灰尘

灰尘的产生主要有下面几个途径：

1）制品表面本身残留有灰尘，酸碱洗时带入。

2）车间顶篷及吊运装置表面的灰尘掉入。

3）在酸碱洗完成后，为了避免制品表面产生水痕，通常要对制品进行烘干处理，大多数生产车间目前普遍采用风扇吹干的办法，在风力作用下地面的灰尘会被卷起，掉入槽子。

（3）非金属残渣

非金属残渣的产生主要有下面几个途径：

1）制品表面本身残留有非金属残渣，酸碱洗时带入。

2）车间顶篷、吊运装置表面和地面的杂物掉入或被风卷入。

（4）油污

如果制品本身表面存在油污或与制品接触的器具表面有油污，都可能导致油污出现在酸碱槽。油污属有机物，在酸碱洗中，制品与酸（碱）发生化学反应，根据化学反应的相似相溶原理，制品表面的有机油污不会与属无机物的酸碱反应，这样，油污就从制品表面脱离出来，游离于槽液表面。

2. 表面悬浮物的清除

酸碱槽液表面悬浮物对制品的表面质量影响很大，必须经常进行清除，易保持槽液表面清洁。常用的清理工具为一端套有漏网的塑料竿。

进行清理作业，须先穿戴好劳保用品，开启排气风扇，保持现场空气流通，然后直接用清理工具对酸碱槽液表面悬浮物进行打捞，作业时，不应靠槽子太近，更不能将上半身探入槽内，以免造成危险。也可加水使漂浮物溢出。

3. 酸碱槽液表面悬浮物的处理

打捞出的悬浮物，含有大量酸碱废液，应单独收集存放，并按危化品管理要求进行处置，不能随意放置，也不能与一般的废弃物混合堆放。

1.2.4　酸碱液、钝化液的取样

1. 酸碱液取样化验的目的

酸碱洗过程中，由于酸、碱与制品发生化学反应或中和反应，酸碱不断消耗，所以，酸碱液的浓度会发生变化，如铝制品碱洗时溶液中的氢氧化钠不断消耗，同时，偏铝酸钠又不断水解生产氢氧化钠，从理论上讲，溶液中的氢氧化钠处于动态化学平衡中，实际上，每洗一次料，制品都或多或少会带走部分氢氧化钠，加上残留的油脂与其发生皂化反应，故氢氧化钠的浓度会降低，为了保证酸碱的浓度符合工艺规程的要求，确保制品的酸碱洗质量，就应该定期不定期取样进行化验分析，并根据分析结果及时添加酸碱。

2. 酸碱液取样的规定

（1）建立酸碱液化验登记台账

酸碱液化验登记台账，是掌握、分析酸碱质量状况的依据，其内容包括酸碱液试样的取送日期、取样人、化验分析结果（酸的浓度、碱的浓度）、添加酸碱日期、酸碱的添加量、添加人，另外还应包括酸碱液的清洁状况、酸碱液更换调整情况等记录。

酸碱液化验登记台账，应装订成册，妥善保管，及时记录。记录的各项内容应清晰、真实、准确。使用完的酸碱液化验登记台账交车间保管。

（2）取样化验周期

酸碱液的化验应根据化验周期进行，分定期、不定期取样化验。

1）定期化验就是在规定的化验周期进行取样化验，其规定如下：

蚀洗铝制品锻件的酸碱液浓度每半月化验一次，化验 NaOH、HNO_3 浓度。

蚀洗铝制品板材的酸碱液浓度每月化验一次，化验 NaOH、HNO_3 浓度。

2）不定期化验就是根据实际生产情况进行取样化验。

①酸碱洗特殊制品前应取样化验。

②新添加了酸碱应取样化验。

③生产中出现异常情况应取样化验。

④洗高精制品、高表面要求制品前应取样化验。

3. 酸碱液取样

（1）试样盛放：试样盛放在与酸碱不发生化学反应的有机玻璃瓶或塑料瓶内。

（2）取样工具：一端固定有取样杯子的长杆。

注意盛放试样的容器和取样用的杯子必须干净、干燥，不能有污物或水，以免影响测试精度。

（3）取样作业

先穿好耐酸、碱工作服和工作鞋，戴好防酸碱手套，然后用取样工具在酸碱槽中取样（严禁用手直接拿杯取酸、碱液），一次取样的量一般为100～200mL，取样时不要靠酸碱槽太近，更不允许将上半身探入酸碱槽进行取样作业，取好的样液，倒入盛放试样的专用瓶子内，注意：从大瓶往小瓶倒或者从一个器皿往另一个器皿倒酸液或碱液时，应用倾斜架或用吸管和洗耳球吸取，脸要偏离瓶口或容器，以防溶液溅出伤及皮肤或眼睛。

取送过程中防止皮肤、衣服被酸碱腐蚀，尤其要防止酸、碱溅到眼睛里。溅到皮肤或衣服上的酸碱液应立即用水冲洗；人造纤维或尼龙之类的物品，粘上酸碱液不能用酸碱中和处理，应立即用干净水冲洗稀释。

（4）送样

试样取好后应立即送到化验室进行浓度化验，以防止酸碱液吸水或挥发，影响测试精度。

4. 取、送样相关规定

（1）取样者必须严格遵守各项安全生产制度和操作规程，严格按规定进行取样作业，避免发生安全事故。

（2）取样中不得随意放置、倾倒酸碱液，不能将剩下的酸碱液倒入下水道，多余的酸碱液应倒回酸碱槽。

（3）取样化验完成后，将取样的杯子和盛装试样的容器清洗干净、晾干，放到规定的位置，以备下次取样使用。

（4）化验结果及时填写在酸碱液化验登记台账上。

1.2.5 冷热水更换

1. 冷、热水更换的目的

制品酸、碱洗后须用水清洗，水清洗的目的是除去制品表面的残留液和可溶于水的化学反应产物，防止其污染下工序槽液，确保酸碱洗制品的品质。随着酸碱洗的进行，大量的酸碱溶液、污物及化学反应产物被制品带入冷、热水槽，导致冷热水的品质逐渐变差，不能满足工艺要求，必须及时更换冷热水。

2. 冷热水更换规定

按铝制品酸碱洗规程规定，冷、热水槽每周取样化验一次，测试其pH值和杂质含量，要求 pH 值维持在 6～7 的范围内，杂质含量<3%，当 pH 值和杂质含量超出规定时就必须换水，以确保酸碱洗制品的质量符合要求。钛材酸洗水槽一般 5～7天彻底清理更换一次。

3. pH 值及其检测

(1) 水的电离

电解质在水溶液中形成自由移动离子的过程叫电离，根据物质水溶液在导电性上的差别可将物质分为电解质和非电解质。在水中能全部电离成自由移动的离子，导电能力强的称为强电解质；在水中只能部分电离出自由移动的离子的称为弱电解质，它们的导电能力弱。

常常做为溶剂的水是否会发生电离呢？精密的导电试验证明了纯水也能微弱导电，纯水是一种很弱的电解质，能微弱电离出 H^+ 和 OH^-。

$$H_2O \longrightarrow H^+ + OH^-$$

(2) 溶液的酸碱性和 pH 值

溶液的酸碱性是由溶液中 $[H^+]$ 和 $[OH^-]$ 的多少决定的。如纯水中 $[H^+] = [OH^-] = 10^{-7}$ mol/L，这时水显中性。当在水中加入少量的酸或碱时，溶液中 $[H^+] \neq [OH^-]$，此时溶液显酸性或碱性。如果在水中加入少量 NaOH，使 $[OH^-] = 10^{-4}$ mol/L，由于 $[H^+][OH^-] = 10^{-14}$，则可计算出 $[H^+] = 10^{-9}$ mol/L，结果 $[H^+] < [OH^-]$，溶液显碱性，所以溶液显酸性或碱性，仅是溶液中 H^+ 与 OH^- 浓度的相对不同而已。

当 $[H^+] = [OH^-]$ 时，溶液显中性。

$[H^+] > [OH^-]$ 时，溶液显酸性。

$[H^+] < [OH^-]$ 时，溶液显碱性。

常用的一些溶液 H^+ 浓度的数值很小，直接用 H^+ 浓度来表示溶液的酸碱性很不方便，为了简便起见，通常采用 pH 值表示溶液的酸碱性，H^+ 浓度的负对数叫作 pH 值。可见，溶液的 pH 值越小，溶液的酸性越强，pH 值越大，溶液的碱性越强。一般在 $[H^+] < 1$ mol/L 或 $[OH^-] < 1$ mol/L 时，pH 值在 0～14 之间，用 pH 值表示溶液的酸碱性比较适当。

(3) pH 值的测定

pH 值是反映溶液酸碱性的重要数据，因此在生产和科学实验中，控制和测定溶液的 pH 值是非常重要的。溶液的 pH 值可用酸度计准确测量，但在实际工作中常用酸碱指示剂或 pH 试纸来调节和控制 pH 值，指示剂是指借助其颜色变化来指示溶液的 pH 值的物质，它只能粗略地反映溶液的 pH 值，pH 值试纸则能比较精确测定溶液 pH 值。pH 试纸是一种经过多种指示剂的混合液浸透的试纸，不同 pH 值的溶液能使其显示不同的颜色。

用试纸测量 pH 值的方法：取出一条 pH 试纸，将被测溶液滴在试纸上面，试纸即呈现一定的颜色，然后把试纸呈现的颜色与标准比色板对照，就可以准确地知道被测溶液的 pH 值。

4. 冷、热水的添加

在酸碱洗生产车间，冷水管直接铺设到槽子边，由阀门控制水流，加水时，打开阀门即可，加入的水量应符合工艺规程的要求：槽子水位过高，洗料时水会溢出造成污染和浪费，槽子水位过低，洗料时，不能完全淹没制品，制品表面清洗不干净。

为了保证加入槽中的水量合适，加水时，生产人员打开阀门后应作好监控，不得离开现场，加水完成后，关紧阀门。

5. 冷热水的排放

酸碱洗过程中，水会逐渐受到污染，一些化学反应残留物、酸碱残留物和油污会溶解其中，造成水质变差，影响酸碱洗产品的质量，因此，必须定期不定期对冷热水进行更换。为了便于废水排放，通常在槽子的底部开有排液孔，槽子盛水时，用塞子塞住排水孔；排放污水时，打开排液孔，让污水流入地沟污液池，再启动污水泵将污水抽到污水处理站即可。

槽子的底部可能会沉积一些污物，污水排完后，还应用干净水对槽壁、槽底进行仔细冲洗，反复数次，直到把槽子冲洗干净。

由于污水中含有一定量的酸、碱及化学反应残留物，所以，冷热水的排放必须按照环保相关要求进行，先把污水送到处理站进行处理，待各项指标达到环保规定要求后，才能向外排放，禁止直接外排冷热水槽废水。

1.2.6 生产记录

1. 生产卡片

生产卡片用来记录制品生产过程情况，其编制和记录有严格的规定，一般的程序如下：

生产计划科负责生产卡片的下达、跟踪管理及保管→生产人员负责生产卡片的填写、保管及交接→生产车间负责监督本车间生产卡片的执行和保管→资料室负责生产卡片归档后的保管工作。

2. 酸洗生产卡片

（1）酸洗生产卡片根据制品酸洗生产特点、工艺流程及质量要求，进行统一设计或修订。

（2）生产卡片进入生产工序前须交技术质量科对酸碱洗工艺进行审核，一般制品，技术质量科工艺员审核后在该卡片上签字或盖章，对新产品试制、特殊制品或产品有特殊要求的，工艺员还需根据需要填写工艺和技术要求。

（3）在生产过程中，生产人员须按质量管理要求在卡片上用钢笔如实填写工艺的执行及监控情况，并签字或盖章。

（4）生产卡片随生产工序流转，没有生产卡片或卡片填写不全，制品不允许转入下道工序。

(5) 生产随行卡片一旦丢失，应立即通知生产计划科，查明原因后，重补卡片，保证生产顺利进行。

(6) 生产卡片一经下达，生产人员必须严格执行。

(7) 生产完毕，生产随行卡片由计划员收回保管，月底装订成册，年终交资料室归档保存。

3. 生产卡片的作用

生产卡片的作用主要有：

(1) 明确酸碱洗的作业内容、作业要求、作业程序等信息，使操作工人能根据生产卡片要求进行生产作业所需要的工具、设备和物料的准备，并按照作业内容和要求进行生产作业。

(2) 记录作业相关操作人员、操作班组、生产日期、工艺参数、质量状况等信息，为质量跟踪和质量管理提供准确、原始、可靠的数据。

4. 生产卡片的识读

生产作业前，操作人员必须准确识读和理解生产卡片的内容和要求，大部分生产卡片是按表格的形式设计的。

生产卡片内容有：制品的名称、合金、状态、批号、规格、序号、数量、生产日期、操作人员、班次、使用的设备、作业工艺参数、质量状况等。

5. 生产卡片填写要求

生产卡片是制品酸碱洗最重要的原始记录，为质量管理、分析、控制等提供准确、可靠的原始资料，当产品质量出现问题时能得到充分、准确的跟踪和追查，为工艺改进和质量的分析控制提供可靠的依据。

卡片原始记录的填写要求真实、准确、完整、及时，字迹清楚，当填写错误需要更改时，应在更改的数据上划一道横线，然后将更改后的数据写在更改数据的附近，并在更改后的数据旁边写上更改人的全名和更改日期。

1.2.7　制品烘干

1. 烘干制品的目的

酸碱洗后制品的表面如果不干燥，附着有水分，就会在制品的表面形成水腐蚀，所以，制品在酸碱洗后，应进行烘干处理。

2. 烘干的方法

烘干的方法就是蒸发掉制品表面的水。水蒸发的速度决定于温度、表面积及空气流动三个条件，并有如下规律：温度越高蒸发越快，表面积越大蒸发越快，空气流动越快蒸发越快，故干燥处理一般有烘干、吹干、晾干等物理方法。

(1) 风扇吹干

将酸碱洗后的制品垛放好，垛放时，制品与制品之间应留有间隙，以便空气流畅，然后用大功率的风扇对着制品吹风，高速流动的气流能使水快速蒸发。这种方法适用于对体积比较大的制品进行烘干作业，其操作简便，投资少，效率高。

(2) 烘干箱

部分企业生产线安装有烘干箱。其原理是：在烘干箱的一端或两端安装散热器，采用电或蒸汽等方法进行加热，然后用风机让烘干箱的空气循环起来，空气与散热器发生热交换，使经过散热器区域的空气温度升高，温度较高的流动空气能让制品快速干燥，烘干作业时只需将制品在烘干箱中放好，然后，启动烘干箱工作，待完全烘干后，将制品吊运至卸料区卸挂。这种方法适用于对体积较小、重量较轻、水分不易去除的制品进行烘干作业，其操作简便，效率高，但设备维护费用和生产成本要高些。烘干箱如图 2-1-19 所示。

图 2-1-19 烘干箱

(3) 晾干

当制品较小或局部仍有水时，可以将制品倾斜着摆放在通风较好的地方晾干。

(4) 表面检查

烘干作业后，生产人员应对制品进行检查。操作人员可以用肉眼直观地看到制品表面的干燥状况，如制品倾斜吊起时是否有水滴落，制品表面是否存在水膜，如果发现水痕，可用干净毛巾将其擦尽。

1.3 质量控制

酸碱洗多数情况是为后部工序如表面上色、涂层等作准备或清洗后作为成品交货，因此酸碱洗制品的表面质量必须达到规定的要求，才能满足成品和后道工序的需要。

1. 酸碱洗对制品几何尺寸的影响

由于酸碱洗过程中金属与酸碱不断发生化学反应，制品金属会消耗损失，其几何尺寸会发生变化，酸碱洗后必须保证制品的几何尺寸符合标准的要求。

为了保证制品的几何尺寸合格，在酸碱洗作业前，首先应对待酸碱洗的制品进行仔细检查、测量，心中有数，如果来料尺寸偏小，在保证质量的前提下，可以缩短酸碱洗时间，如果发现来料尺寸太小，先不要生产，应及时向技术部门报告。

2. 表面质量

酸碱洗制品的表面要求较严，一般不允许有水痕、酸痕、碱痕、油污、发白、发黑、挂灰、机械损伤等缺陷。要达到这些要求，作业前应按规定对蚀洗参数进行确认，作业时仔细观察制品表面质量状况，根据生产实际调整作业参数，制品卸下后，应对制品表面进行仔细检查，发现水痕、酸痕、碱痕、油污等，立即用干净的毛巾将其擦净，避免其长时间滞留，对制品表面的机械损伤，可用专门工具进行打磨处理或修伤作业，处理后，要确保打磨或修伤部位表面光滑。铜材酸碱洗后制品内外表面不应有残留氧化皮、残酸、麻点、铜粉等缺陷。

1.4 设备维护

1.4.1 设备的基本结构

1. 酸洗槽的基本结构

在直条管棒材生产中，酸洗采用简单的酸洗槽组，一般由酸槽、冷水槽、热水槽组成。酸洗槽用的耐酸材料有：耐酸不锈钢、铅、耐酸塑料、耐酸水泥、耐酸青石和木料。酸洗槽和水槽的长度根据被酸洗的制品尺寸长度决定。常用的酸洗槽和水槽的尺寸及材质见表 2-1-2。

表 2-1-2 常用的酸洗槽和水槽的尺寸及材质

酸槽类别	酸水槽的规格（m）			耐酸用的材料	加热装置的材料
	长	宽	高		
硫酸槽	7.5	1	1.2	耐酸不锈钢、铅板	铅管或不锈钢管
	9.0	1.45	1.6	耐酸塑料、耐酸水泥、耐酸青石和木料	
	16	2.0	1.5		
硝酸槽	7.5	1.0	0.8	耐酸不锈钢、耐酸塑料	
	8.0	1.0	0.9		
水　槽	7.5	1.1	1.2	不锈钢、铅板、塑料	
	9.2	1.4	1.5		

2. 天车的基本构成

主要由小车（包括起升机构、运行机构、车架）、双梁、墙柱、操纵室、吊钩、电源滑线等组成，如图 2-1-20 所示。

（1）天车工作原理与特点

此装置是由操作人员在操纵室操作操纵手柄驱动，纵向行走是双梁的托轮在墙

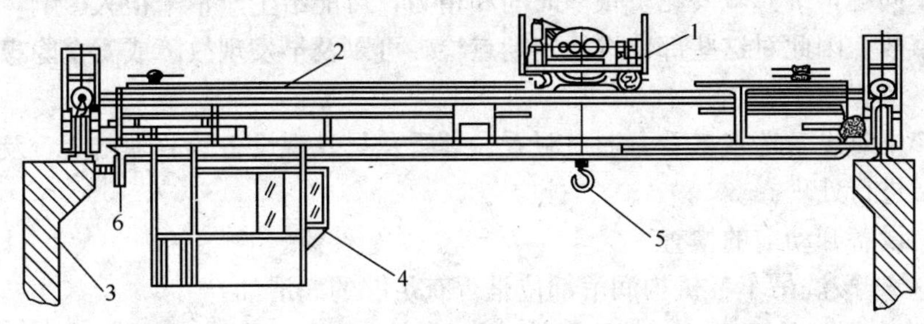

图 2-1-20 电动单钩双梁桥式天车

1—小车；2—双梁；3—墙柱；4—操纵室；5—吊钩；6—电源滑线

柱上的轨道上转动实现，横向行走是小车在双梁上的轨道上转动实现，吊物是小车上的起升机构实现。它的起吊物范围也就是它的纵横向行走范围。它的最大起重极限由设计制造决定。由于它起吊覆盖范围大，起重极限可由所需设计确定，因此被大中型企业广泛采用。它的不足处是起重机主梁质量直接影响到起重机安全运行，主梁一旦损坏，会发生严重事故，刚度不足，变形超过规定就影响主梁上的小车运行，会产生“滑车”、啃轨等问题。它的制造必须进行严格的技术鉴定，制造成本较高。

(2) 天车的主要技术参数

天车的技术参数示例见表 2-1-3。

表 2-1-3 天车的技术参数示例

名　称	技术参数	名　称	技术参数
起重量	3～100/20t	大车速度	33～91.5m/min
跨距	10.5～28.5m	小车速度	10.4～44.6m/min
提升高度	6～26m	工作制度	JC%－25%～40%
卷扬速度	1.6～20m/min	电源	三相交流 380V

1.4.2 设备的维护

1. 酸洗设备的维护

设备是我们进行生产作业的基本工具，设备状况的好坏，关系到生产能否顺利进行，也事关产品质量和人身安全。维护好设备，是延长设备使用寿命、提高生产效率、提高产品质量、降低生产成本的最有效途径，也是企业对员工的基本要求，同时也是员工主人翁意识的直接体现。设备维护要做好生产前的检查以及日常的点检和巡检。

(1) 点检

点检就是对设备的关键部位进行定期检查，每台设备都有关键部件，一旦这些部位出了问题，维修就要花费很多时间和精力，可能给生产带来很大影响，或者导致安全事故，因此对这些部位进行定期点检，可以及早发现故障或安全隐患。

（2）巡查

工作中对设备巡视查看，通过眼看、耳听及早发现设备的故障苗头，及时通知有关人员进行处理。

（3）设备开动前的检查

1）检查酸洗吊车各机构润滑部位是否有足够的润滑油。

2）检查阀门是否正常，管路及管接头是否有泄漏现象。

3）检查离心清水泵有无不正常的现象及异常声响。

4）检查工具、吊具是否齐全完好和符合要求。

5）检查酸洗槽底是否有落入其他物件。

6）检查各机构的螺栓、螺帽是否松动，如有松动要及时拧紧。

7）检查不锈钢酸槽和水槽等焊缝是否有渗漏现象，如腐蚀泄漏要及时处理，检查玻璃钢槽是否损坏。

2. 酸洗设备维护规程示例

酸洗的设备维护规程见表2-1-4。

表2-1-4 设备维护规程表

设备名称及部位	维护方法	周期	维护内容及要求
吊具的链子、销子、钩头	点检	8h	吊具的链子有无开裂、变形；销子有无裂纹、弯曲、变形；钩头有无裂纹、破损、变形
吊具的钢丝绳	点检	8h	钢丝绳有无断裂、磨损，用浸有煤油的抹布清洗钢丝绳
槽体	巡查	24h	看槽体有无破损；看槽体有无渗漏
天车制动器	巡查	8h	制动是否灵活、灵敏；制动有无卡阻
天车吊钩、滑轮及钢丝绳	点检	8h	表面是否有裂纹、破口；吊钩危险断面或尾部是否有变形；滑轮有无崩裂、卡阻；钢丝绳无断丝
各操作开关	点检	8h	是否灵活、好用
各管道	巡查	24h	有无变形、破损；有无渗漏、开裂；蒸汽管包裹的隔热材料有无破损
电器线路	巡查	24h	有无断裂、破损；有无裸露
与制品接触的器具部位	点检	8h	表面是否有污物、油污，如有，用干净毛巾将其擦净；是否有尖锐凸起、异物；如有，将其打磨清理

对点检、巡检中发现的问题作好记录，及时向设备部门报告。

酸洗设备的清洁见表 2-1-5。

表 2-1-5 酸洗设备的清洁

序号	清扫部位	清扫要求	周期
1	酸洗吊车外露表面	整洁、无灰尘、无腐蚀结垢	每周
2	酸洗地坑	无积酸、积水，水沟畅通、无杂物	每班
3	周围地面	整洁、干净，无积水、积酸，无杂物	每班

第2章 中级技能

2.1 生产准备

2.1.1 交接班

1. 交接班

交班是以口头或书面材料的形式将本班的运行情况及有关信息反馈给下一个班及相关部门，接班则是了解上一个班的运行情况和接受本班的生产任务。本班的运行情况是指本班设备运行的异常情况、生产情况、产品质量检验情况。设备运行的异常情况是指设备运行故障和有待于进一步确认的偶然响声异常、接触部位温度异常等。生产情况是指当班生产的品种、规格与数量，包括成品量与废品量。产品质量检验情况是指当班对质量进行检查验收情况。有关信息是指运行情况以外的相关内容，如文明卫生情况、本班人员出勤情况、上级通知与指令、下一班需注意的事项等。操作人员接班之后，仔细阅读上一班的交班记录，包括设备存在的问题（已解决和未解决的问题）、遗留下来的生产问题以及生产过程中需要注意的事项；交班之前，详细记录本班生产中出现的问题，包括设备问题及生产问题，详细向下一班交代要注意的事项。

（1）交接班的内容

记录交接，设备交接，工具、器具交接，原料、物料交接。

（2）交接班的填写

凡是交接班记录本上设计需要的信息都要进行填写，要求字迹工整，内容真实全面。

（3）填写原始记录

原始记录是指与本机列相关的记录，包括交接班记录、生产记录、质量验收记录等，根据各生产企业的需要，原始记录可以包含多项内容的一本或只记录单一内容的多本。凡是原始记录本上设计需要的信息都要进行填写，要求字迹工整、内容真实全面。

2. 生产要素确认

生产要素包括设备的清洁状况，溶液的温度、浓度参数，溶液的液位及清洁状况，见表 2-2-1。生产前，先对各生产要素进行仔细确认，设备的清洁状况、溶液的液位确认，可以通过现场目测确定；而对于溶液的浓度确认可按取样规定进行实测确定，或根据上班酸洗料情况进行判断。

表 2-2-1 铝材酸碱洗的生产要素

名 称	要 求	名 称	要 求
地面	干净、清洁	酸液	浓度（20%～30%、温度 60℃以上）
设备	清洁、干净	液位	合适
碱液	浓度（10%～20%、温度 60～80℃）		

铜材的酸洗普遍采用稀硫酸，浓度约为 10%～25%，温度 30～80℃。具体的酸洗工艺参数根据材质、厚度、氧化程度及酸洗效果等情况作相应的调整。黄铜的酸洗浓度低，而青铜、纯铜等就要高一些。在酸洗过程中，酸的浓度会不断下降，酸中铜离子的浓度会不断上升而导致酸洗效果下降。当酸液中硫酸含量小于 100g/L，含铜量大于 25g/L 时，应及时换酸或补充新酸液。

2.1.2 溶液基础知识

1. 溶液的基本概念

溶液是一种或几种物质以分子或离子的状态均匀地分散到另一种物质里，形成均一的、稳定的混合物。溶解其他物质的物质叫溶剂；被溶解的物质叫溶质。溶液由溶剂和溶质组成。溶质可以是固体，也可以是液体或气体。固体、气体溶于液体时，固体、气体是溶质，液体是溶剂。两种液体相互溶解时，通常把量多的一种叫溶剂，量少的一种叫溶质。当溶液中有水存在时，不论水的量有多少，人们习惯都把水视为溶剂。

物质在溶解时，常常会使溶液的温度发生改变。物质在溶解时会发生两种变化，一种是溶质的分子或离子向水中扩散，这是一吸热过程；另一种是溶质的分子或离子和水分子作用，生成水合分子或水合离子，这是一放热过程。不同的物质，这两种过程吸收或放出的热量不同，导致溶液的温度发生变化。有的溶质溶解时，扩散过程吸收的热量小于水合过程放出的热量，表现为溶液的温度升高，反之，溶液的温度降低。

2. 溶液的性质

溶液具有均一性和稳定性。

均一性：溶液各处的组成和性质完全一样。

稳定性：温度不变，溶剂量不变时，溶质和溶剂长期不会分离。

3. 溶液的分类

饱和溶液：在一定温度、一定量的溶剂中，溶质不能无限溶解的溶液。

不饱和溶液：在一定温度、一定量的溶剂中，溶质可以继续溶解的溶液。

当条件发生改变时，饱和溶液可以转变成不饱和溶液，如向氯化钠饱和溶液中加入水，就变成了氯化钠不饱和溶液；同样，当条件发生改变时，不饱和溶液也可以转变成饱和溶液，如对氯化钠不饱和溶液进行加热，蒸发掉一些水，就可以得到氯化钠饱和溶液。

4. 溶解度

固体溶解度：在一定温度下，某固态物质在100g溶剂里达到饱和状态时所溶解的质量。如果不指明溶剂，通常所说的溶解度是指物质在水里的溶解度。例如，在20℃时，100g水里最多能溶解36g氯化钠（此时，溶液达到饱和状态），我们就说，在20℃时，氯化钠在水里的溶解度是36g。

固体溶解度一般随温度的升高而增加，但也有极少数固体（如熟石灰）的溶解度随温度的升高而降低。

气体溶解度：气体的溶解度是指在压强为101kPa和一定温度时，气体溶解在1体积水里达到饱和状态时的气体体积。如氮气在压强为101kPa和温度为0℃时，1体积水里最多能溶解0.024体积氮气，则在0℃时，氮气的溶解度为0.024。

气体溶解度一般随温度的升高而降低，随压强的增大而增大。

5. 溶液的浓度

溶液分为浓溶液和稀溶液，为了准确表明一定量的溶液里含有多少溶质，生产中，常常用浓度来表示。浓度的表示方法很多，既可用溶剂与溶质的相对量来表示，也可用一定体积溶液中所含溶质的量来表示。常用的表示方法有：

(1) 质量分数

定义：以溶质的质量在全部溶液的质量中所占的百分数来表示的溶液浓度。

质量分数浓度的公式：

$$质量分数（\%）=\frac{溶质质量}{溶液质量}\times 100\% \tag{1}$$

【例题】 100g NaCl完全溶于900g水中，所得的NaCl溶液的质量分数浓度是多少?

【解】 溶质NaCl=100g

溶液=100（溶质）+900（溶剂）=1000（g），根据（1）式可得：

$$NaCl的质量分数浓度=\frac{100}{1000}\times 100\%=10\%$$

【例题】 要配置23000 kg质量分数为25%的硫酸溶液，需要用质量分数98%的浓硫酸和水各多少?

【解】 先计算质量分数为25%的溶质质量

溶质质量=溶液质量×质量分数=23000×25%=5750（kg）

再计算质量分数为98%的浓硫酸的溶液质量

溶液质量=溶质质量÷质量分数=5750÷98%=5860（kg）

根据溶剂质量=溶液质量－溶质质量

可求水的质量=23000－5860=17140（kg）

(2) 物质的量浓度

用每升溶液或每立方分米溶液中所含溶质的物质的量来表示的溶液浓度称物质的量浓度，用符号 C 或 [ ] 表示。例如1L氯化钠溶液中含有0.1mol NaCl，则 C_{NaCl}=0.1mol/L 或 [NaCl] =0.1mol/L。

【例题】 配制0.1mol/L的NaOH溶液500mL，需要NaOH多少?

【解】 设需NaOH量为 W，已知 C=0.1mol/L，V=0.5L，NaOH摩尔质量 m 为40g/mol，则

$$W = C \cdot V \cdot m$$
$$= 0.1 \times 0.5 \times 40 = 2 \ (g)$$

【例题】 将58.5g NaCl溶于水，配成500mL溶液，计算所得溶液的物质的量浓度。

【解】 NaCl的物质的量为=58.5÷58.5=1 (mol)

NaCl溶液的物质的量浓度为=1÷0.5=2 (mol/L)

(3) 溶质的质量分数和物质的量浓度的换算

溶质的质量分数和物质的量浓度都可以用来表示溶液的组成，二者可以通过一定的关系进行换算，方法如下：

1) 将溶液中溶质的质量分数换算成物质的量浓度。先计算出1L溶液中所含溶质的质量，并换算成相应的物质的量，有时还需要将溶液的质量换算成溶液的体积，最后再计算出溶质的物质的量浓度。

2) 将物质的量浓度换算成溶液中溶质的质量分数。先将溶质的物质的量换算成溶质的质量，有时还需要将溶液的体积换算成溶液的质量，再计算出溶液中溶质的质量分数浓度。

【例题】 已知某盐酸的密度为1.19g/mL，HCl的物质的量浓度为12mol/L，求该盐酸中HCl的质量分数浓度。

【解】 根据溶液均 性，这里取1000 mL盐酸溶液进行计算。

溶液的质量=密度×体积=1.19×1000=1190 (g)

HCl的物质的量=物质的量浓度×体积=12×1=12 (mol)

HCl的质量=36.5×12=438 (g)

HCl的质量分数=$\frac{溶质质量}{溶液质量}\times 100\% = \frac{438}{1190}\times 100\% = 36.8\%$

【例题】 某工业浓硫酸的溶质质量分数为98%，密度为1.84g/mL，计算该硫酸的物质的量浓度。

【解】 根据溶液均一性，这里取1000mL硫酸溶液进行计算。

溶液的质量=密度×体积=1.84×1000=1840 (g)

硫酸的质量=硫酸的质量分数×硫酸溶液的质量=1840×98%=1803 (g)

硫酸的物质的量=硫酸的质量÷硫酸的摩尔质量=1803÷98=18.4 (mol)

硫酸的物质的量浓度为＝18.4÷1＝18.4（mol/L）

2.1.3 酸碱溶液配置

1. 新碱液的配制

【例题】 配制 20000kg 质量分数浓度为 20％ 的 NaOH 溶液。

【解】 第一步：计算

根据溶液浓度知识：溶质质量＝溶液质量×溶液的质量分数浓度，则

NaOH 的质量＝20000×20％＝4000（kg）

又因为溶剂质量＝溶液质量－溶质质量，则

水的质量＝20000－4000＝16000（kg）

第二步：配置

先打开冷水阀门，往碱槽中放入 16000kg 水，再吊运 4000kg NaOH 放入碱槽溶解。

第三步：取样进行验证测定

待碱完全溶解后，取试样化验碱液的浓度。

2. 新酸液的配制

【例题】 用质量分数浓度为 95％的工业浓硝酸配制 20000kg 质量分数浓度为 10％的硝酸溶液。

【解】 第一步：计算

根据溶液浓度知识：溶质质量＝溶液质量×溶液的质量分数浓度，则纯硝酸的质量＝20000×10％＝2000（kg）

溶液质量＝溶质质量÷溶液的质量分数浓度，则

需要 95％的工业浓硝酸＝2000÷95％＝2105（kg）

溶剂质量＝溶液质量－溶质质量，则

水的质量＝20000－2105＝17895（kg）

第二步：配置

先打开冷水阀门，往酸槽中放入 17895kg 水，再往酸槽中注入 2105kg 质量分数浓度为 95％的工业浓硝酸混合均匀。

第三步：取样进行验证测定

溶液配好后，取试样化验酸液的浓度。

3. 使用过程中对酸碱液、钝化液的调配

使用中酸碱液、钝化液的调配步骤：

第一步：在酸碱槽取液样测定酸碱液浓度。

第二步：根据化验结果计算配制所需的酸、碱量和水量。

第三步：配置。

第四步：取样进行验证测定。

【例题】 现有 20000kg 质量分数浓度为 20％的 NaOH 溶液，将它调配成质量分数浓度为 25％的 NaOH 溶液 22000kg。

【解】 第一步：计算

根据溶液浓度知识：溶质质量＝溶液质量×溶液的质量分数浓度，则

已有的 NaOH 质量＝20000×20％＝4000（kg）

总的 NaOH 质量＝22000×25％＝5500（kg），则

还需加入 NaOH 质量＝总的－已有的＝5500－4000＝1500（kg）

溶剂质量＝溶液质量－溶质质量，则

还需加入的水的质量＝22000－20000－1500＝500（kg）

第二步：配置

先打开冷水阀门，往碱槽中放入 500kg 水，再吊运 1500kg NaOH 放入碱槽溶解。

第三步：取样进行验证测定

在实际生产中，由于酸碱液浓度范围比较宽，所以计算不一定要求十分准确，可以采取大概估算的办法，待溶液调配好后再取样化验进行验证，如果结果相差太大再进行调配，事实上也不可能十分精确地知道现有溶液的质量。

【例题】 现有 20000kg 质量分数浓度为 10％的硝酸溶液，将它调配成质量分数浓度为 15％的硝酸液 22000kg（用质量分数浓度为 95％的工业浓硝酸进行调配）。

【解】 第一步：计算

根据溶液浓度知识：溶质质量＝溶液质量×溶液的质量分数浓度，则

已有的纯硝酸质量＝20000×10％＝2000（kg）

总的硝酸质量＝22000×15％＝3300（kg），则

还需加入纯硝酸质量＝总的－已有的＝3300－2000＝1300（kg）

溶液质量＝溶质质量÷溶液的质量分数浓度，则

需要 95％的工业浓硝酸质量＝1300÷95％＝1368（kg）

溶剂质量＝溶液质量－溶质质量，则

还需加入的水的质量＝22000－20000－1368＝632（kg）

第二步：配置

先打开冷水阀门，往酸槽中放入 632kg 水，再往酸槽中注入 1368kg 质量分数浓度为 95％的工业浓硝酸。

第三步：取样进行验证测定

4. 实际生产中酸、碱的添加操作注意事项

(1) 添加碱

先将碱桶的两端盖撬开，再水平吊入不锈钢蚀洗筐，然后将筐吊入碱槽，让碱液没过碱桶，待碱块完全溶化后，将筐吊出，桶回收。加碱示意图如图 2-2-1

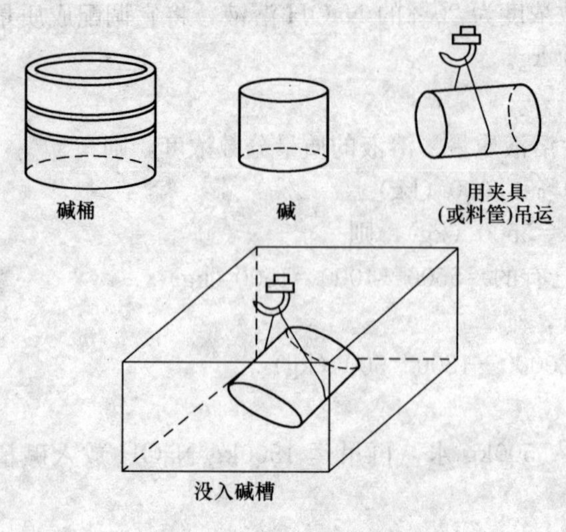

图 2-2-1　加碱示意图

所示。

(2) 添加酸

将盛酸的罐子吊放在酸槽上，呈横跨式放稳，再用铁棍轻轻拨开阀门，将所需的酸放入酸槽内。加酸时，操作者不能正对阀门位置站立，以免酸液喷出伤人，加浓硫酸时，一定要防止浓酸液放热发生爆炸，可一边加浓酸，一边缓缓搅拌槽液，让热量放出。补充酸液时，必须注意先放水，后加入硫酸；应小心缓倒，防止灼伤人体皮肤。加酸如图 2-2-2 所示。

5. 氢氧化钠的安全防护

(1) 氢氧化钠的危险性

1) 浸入途径：食入、吸入。

2) 健康危害：具有强烈刺激和腐蚀性，粉尘或烟雾刺激眼和呼吸道，腐蚀鼻中隔；皮肤和眼睛直接接触可引起灼伤；误服可造成消化道灼伤，黏膜糜烂、出血和休克。

图 2-2-2　加酸

3) 环境危害：该物质对环境有危害；对水生物也有危害作用。

4) 燃爆危险：不燃，与湿气或水接触可能产生足够热量，引燃可燃物质。

(2) 急救措施

1) 皮肤接触：立即用大量流动清水冲洗被污染的衣物，至少 15min，之后就医。

2) 眼睛接触：立即提起眼睑，用大量流动清水或生理盐水彻底冲洗至少 15min，或用 3%硼酸溶液冲洗，之后就医。

3) 吸入：迅速脱离现场至空气新鲜处，保持呼吸道通畅，如呼吸困难，给予输氧；如呼吸停止，立即进行人工呼吸，之后就医。

4) 食入：误食者用水漱口，饮大量水，不得催吐，口服稀释的醋或柠檬汁，之后就医。

(3) 灭火措施

1）危险特性：不可燃；是一种强碱，与酸发生剧烈反应并有腐蚀性，在潮湿空气中与锌、铝等金属反应生成可燃气体（氢气）。

2）有害燃烧产物：可能产生有害的毒性烟雾。

3）灭火方法及灭火剂：雾状水，砂土，周围环境着火时只能使用干粉或二氧化碳灭火剂。

4）灭火注意事项：禁止直接与水接触，以免对人体造成伤害。

（4）操作处置与储存

1）操作注意事项：操作人员必须培训上岗，严格遵守操作规程，建议操作人员戴防护眼镜和手套工作，在进行溶解时，要保证溶液形成对流，避免在桶、瓶内形成真空。

2）储存注意事项：储存在干燥清洁的仓内，注意防潮、防水，与强酸、金属及易引燃的物质分开存放，搬运时要轻装轻卸，分装时注意个人安全。

（5）个人防护设备

1）呼吸系统防护：可能接触其烟雾时，必须佩戴自给式呼吸器。

2）眼睛防护：戴化学防护眼镜。

3）身体防护：穿橡胶耐酸碱服。

4）手防护：戴橡胶耐酸碱手套。

5）其他防护：工作场所禁止吸烟、进食、饮水。

6. 硝酸的安全防护

（1）硝酸的危险性

1）最主要症状及危害效应：灼伤、腐蚀皮肤及食道。

2）吸入危害：蒸气或雾滴可能引起窒息感、喉咙灼热，或造成咳嗽、胸痛和呼吸困难；对呼吸道黏膜有刺激和烧灼作用；某些严重的症状可能无微兆而在24h内出现呼吸困难，进展迅速会因支气管肺炎和肺水肿而死亡。

3）皮肤：稀溶液可能有轻微的刺激感并将皮肤染成黄绿色，沾染处可能发硬，但无损伤；浓硝酸可能造成严重的疼痛和灼伤，沾染处可能结疤，造成永久损伤，若沾染范围过大且未立即冲洗，可能致死。

4）眼睛：蒸气会使眼睛刺激流泪；雾滴若外露过久，会严重刺激损伤眼睛；浓硝酸会立即严重损伤眼睛致盲，且可能无法复原。

5）食入：会腐蚀灼伤口、喉、食道及胃；症状包括吞噬难、恶心、呕吐、腹泻甚至虚脱或死亡；吸入肺部会导致严重伤害及死亡，其呼吸困难的症状可能迟发数小时。

慢毒性或长期毒性：可能使肺组织或气管水肿，造成慢性肺炎及气管炎；会破坏牙齿质。

（2）急救措施

1）吸入：救援前先确定自身的安全，宜采取双人小组的救援；扫除污染源或将患者移至新鲜空气处；若呼吸困难，在医生指导下由受训人员给予输氧；非必要勿让患者移动；肺损伤的症状可能在暴露48h后才能发现，发现时立即就医。

2）皮肤接触：避免直接接触及硝酸，必要时戴防渗手套；立即用流动的温水缓和冲洗20～30min以上，勿中断；在冲洗中脱掉已被污染的衣物，之后立即就医。

3）眼睛接触：立即睁开眼皮，以温水缓和冲洗受污染的眼睛20～30min以上，然后立即就医。

4）食入：若患者即将丧失意识或已丧失意识，勿经口喂食任何东西；让患者用水彻底漱口；勿催吐；让患者喝240～300mL的水，若有牛奶，喝水后再喝牛奶；若患者自发呕吐，让其身体前倾以免吸入呕吐物，反复漱口，然后立即就医。

（3）卫生措施

工作后迅速脱掉污染的工作服，洗脸洗手。

（4）个人防护设备

1）呼吸防护：自选式呼吸防护具或防护罩。

2）手部防护：防渗手套。

3）眼睛防护：气密式化学安全护面罩。

4）皮肤及身体防护：橡胶材质防护衣、工作靴。

（5）废弃处置方法

依现行法规处理；依照仓储条件储存待处理的废弃物；可考虑卫生掩埋法处理。

7. 氢氟酸的烧伤与防治

氢氟酸的烟雾和酸溶液对皮肤和眼睛有刺激腐蚀作用。起初并无感觉，只是在几小时后才使人感到疼痛。酸的腐蚀性并不是唯一的危害，因为氟化物的颗粒会很快穿过皮肤，损害身体的较深部分，轻微的氢氟酸烧伤会使皮肤有连续性灼烧感，较严重的烧伤会使皮肤发黄，产生皮革式变化及愈合很慢的痛疮，会在指甲下化脓，往往导致指甲脱落，因此在使用氢氟酸时，必须特别注意由于氢氟酸的喷溅所造成的眼伤，可能会导致失明，所以，操作人员必须戴上橡皮手套并仔细检查指尖部分是否有漏孔。穿上橡胶长筒靴，并戴上护眼面具。

凡使用氢氟酸的人员，若发现皮肤某些部位有液体，要把它看成氢氟酸对待，立即用大量水冲洗。在受到烧伤时可用20%硫酸镁的悬浮液来洗涤，也可用10%的葡萄糖酸钙浸棉球来涂敷。氢氟酸烧伤后，可对烧伤部位用75%的酒精浸泡，以此解痛。此外，还可用硼砂浸泡处理，因为硼与氟更容易化合为氟化硼，从而减轻氟离子的作用。

8. 酸碱洗的安全预防措施

（1）作业前

必须穿戴好规定的劳保用品，戴上防护眼镜和口罩；启动换气扇工作，保持空气流通。

（2）装料时

一定要将料装稳，避免发生脱落。

（3）洗料中

从碱槽或酸槽内起吊料筐时，一定要慢，料筐吊出后，应在碱槽或酸槽上方停留一定时间，让制品上残留的碱液或酸液充分流回到碱槽或酸槽内，再将料筐吊走。

（4）掏槽

在掏碱槽和酸槽前，必须穿戴好规定的劳保用品，戴上防护眼镜和口罩；在掏碱槽和酸槽过程中，一定要小心，避免碱液和酸液溅出伤人。

（5）发生一般事故的处理措施

发生事故时，必须立即停蒸气，关闭所有蒸气阀门，停止对碱槽加热。

发生事故时，必须以人员的安全优先，先对受伤人员进行抢救。

发生事故时，立即采用干粉灭火器或消防车及时扑灭周围的火灾，以减少人员的伤亡。

发生泄漏时，立即用大量水对泄漏的碱液和酸液进行稀释。

（6）加强演练

为了确保发生事故后，生产人员能迅速准确、有条不紊地进行事故处理，平时必须做好应急救援的演练工作。

2.2 工艺操作

2.2.1 吊运装置操作

钢丝绳电动葫芦常配套安装在单梁桥式起重机上，或单独安装在架空工字梁上，作为吊运重物的起重设备，亦可稍经改装直接安在固定架上，作为重物的起吊设备。电动葫芦具有结构紧凑、自重轻、体积小、操作方便等优点，通常有常、慢两挡提升速度，酸洗间一般配备电动葫芦作为起吊设备。

（1）电动葫芦的特点（图 2-2-3）

1）由减速器、运行机构、卷筒装置、吊钩装置、联轴器、慢速驱动装置（仅MD1 型有）、软缆电流引入器、限位器、电动机九个主要部件组成。使用和维护非常便利，能缩短产品检修周期。

2）采用锥形制动电机制动。

3）提升速度有常速（CD1 型）和常、慢（MD1 型）两种速度，由控制按钮控制操作。

4）采用标准模数斜齿轮减速器，便于维修装配。

（2）钢丝绳式电动葫芦的构造（图 2-2-4）

主要由行走机构（包括行走电机、走轮）、起升机构（包括升降电机、卷筒、

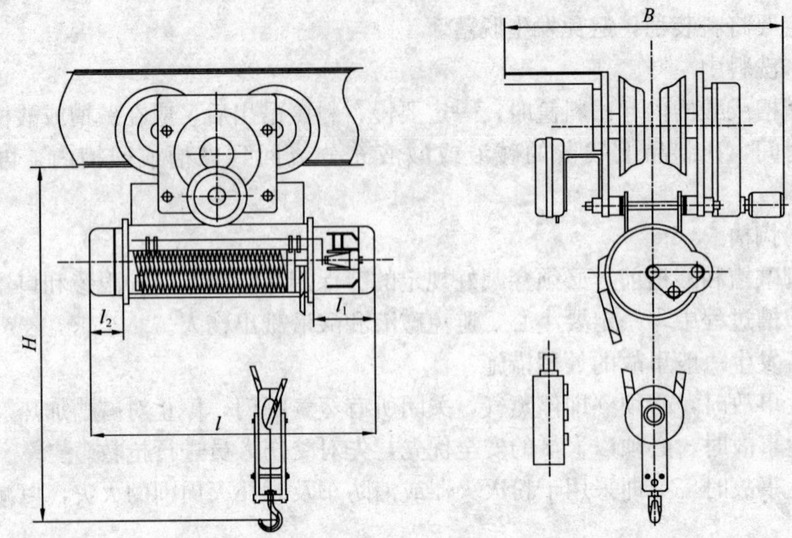

图 2-2-3　钢丝绳式电动葫芦的外形结构示意图

减速器、制动器)、吊钩等组成。

1) 工作原理

此装置是由操作人员在地面操作引线盒或遥控板按键驱动（设有操纵室在操纵室操作)，行进是由行走机构在单梁上的工字轨、环形梁上的工字轨或悬臂转动梁上的工字轨上转动实现，吊物是由起升机构实现。此装置是一种把电机、卷筒、减速器、制动器及运行小车合为一体的小型轻巧的起重设备，制造成本低，使用简单方便，被中小型企业广泛采用。不足处是钢丝绳易挂绕，运行不稳，与单梁桥式、龙门起重机配套使用时，启动、制动不便。

图 2-2-4　钢丝绳电动葫芦

1—行走机构；2—起升机构；3—吊钩

2) 减速器

电动葫芦减速器采用斜齿轮三级减速，齿轮及齿轮轴均采用 40Cr 或 20CrMnTi 钢锻制加工，并经热处理，全部用滚动轴承支承，箱壳由铸铁制造，装配严密，防尘可靠。

3) 运行机构

电动葫芦的运行机构为电动小车式，减速齿轮为 40Cr 锻制，并经调质处理，装于封闭的减速箱内，全部采用滚动的轴承支承，墙板用钢板制造，保证运转灵活，使用方便，寿命长。根据提升高度的不同，结构形式也有不同。

运行机构所适用的工字钢轨道应按国家标准选择，提升高度 18m 以上加平衡梁小车，10t、16t 提升高度 6～30m，采用电动小车两台。

4）卷筒装置

卷筒用铸铁或无缝钢管制成，采用花键与减速器连接，另一端用滚动轴承支承在锥形电动机前端伸出部位，卷筒外壳用钢板制成。

5）吊钩装置

吊钩采用20钢模锻制成，并用推力球轴承通过吊钩横梁与外壳相连接，使吊钩运转自如。吊钩装置为单滑轮式，滑轮由铸铁或铸钢制成。10t、16t吊钩装置为双滑轮式。

6）联轴器

电动机的力矩，通过爪型弹性联轴器传递到减速器，该联轴器能吸收负荷冲击获得平衡的启动。

7）慢速驱动装置

慢速驱动装置由驱动箱体、箱盖、小电机组成，小电机通过慢速装置带动主电机工作，其速比是10。

8）电流引入器

由于葫芦常与电动单梁起重机配套使用，故用软缆引线将电流引入开关箱内，不装滑块式电流引入器。

9）限位器

为防止因吊钩上升、下降超过极限位置而造成故障，葫芦上装有限位器，当吊钩到达极限位置时，由于卷筒装置上导绳器带动限位器动作，从而自动切断电源使葫芦停止运转。

10）电动机

起升电动机采用较大启动力矩的锥形制动电机，以适用产品断续工作中频繁的直接启动，最大转矩为额定力矩的2.4～3倍。

（3）电动葫芦的操作方法

电动葫芦的操作比较简单，首先合上电源总闸接通电源，然后操作遥控装置（图2-2-5）控制电葫芦的运行，达到吊运物品的目的。

图2-2-5 遥控装置

遥控装置操作：先打开遥控装置的电源，然后按照遥控装置上面的指示按钮进行操作。

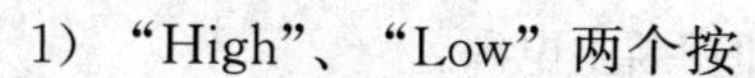

1）“High”、“Low”两个按钮是高速、低速切换。按一下“High”可控制电动葫芦各运动部件高速运转，按一下“Low”可控制电动葫芦各运动部件低速运转。

2）按“西”、“东”按钮，可控制电动葫芦在轨道上向西、东滑动，实现重物向西、东方向吊运作业。

3）按“南”、“北”按钮，可控制电动葫芦在轨道上向南、北滑动，实现重物向南、北方向吊运作业。

4）按“Stop”按钮，可控制电动葫芦停止运行。

5）作业完成后，关闭遥控装置的电源。

（4）电动葫芦的使用维护

1）新安装或经拆检后安装的电动葫芦，首先应进行空车试运转数次，但在未安装完毕前，切忌通电试转。

2）在正常使用前应以额定负荷的125%进行试验，起升离地面约100mm，10min的静负荷试验，并检查是否正常。

3）动负荷试验是以额定负荷重量，进行重复升降与左右移动试验，试验后检查其机械传动部分、电器部分和连接部分是否正常可靠。

4）在使用中，绝对禁止在不允许的环境下及超过额定负荷和每小时额定合闸次数（120次）的情况下使用。

5）安装调试和维护时，必须严格检查限位装置是否灵活可靠，当吊钩升至上极限位置时，吊钩外壳到卷筒外壳之距离必须大于50mm（10t、16t必须大于120mm），当吊钩降至下极限位置时应调整卷筒上钢丝绳安全圈，有效安全圈必须在两圈以上。

6）不允许同时按下两个使电动葫芦按相反方向运动的手电门按钮。

7）工作完毕后必须把电源的总闸拉开，切断电源。

8）电动葫芦应由专人操纵，操纵者应充分掌握安全操作规程，严禁歪拉斜吊。

9）在使用中必须由专门人员定期对电动葫芦进行检查，发现故障及时采取措施，并仔细加以记录。

10）调整电动葫芦制动下滑量时，应保证在额定载荷下，制动下滑量$S \leqslant V/100$（V为负载下一分钟内稳定起升的距离）。

11）钢丝绳的检验和报废应按《起重机钢丝绳保养、维护、安装、检验和报废》（GB/T 5972）的规定执行。

12）电动葫芦使用中必须保持足够的润滑油，并保持润滑油的干净，不应含有杂质和污垢。

13）钢丝绳上油时应该使用硬毛刷或木质小片，严禁直接用手给正在工作的钢丝绳上油。

14）电动葫芦不工作时，不允许把重物悬于空中，防止零件产生永久变形。

15）在使用过程中，如果发现故障，应立即切断主电源。

16）使用中应特别注意易损件情况。

17）10t、16t葫芦在长时间连续运转后，可能出现自动断电现象，这属于电机的过热保护功能，此时可以下降，过一段时间，待电机冷却下来后即可继续工作。

（5）电动葫芦安全使用规定

1）将上、下限位的停止块调整后再起吊物体。

2）在使用之前确认制动器状况是否可靠。

3）使用前若发现钢丝绳出现弯曲、变形、腐蚀及断裂程度超过规定要求的情况时，绝对不要操作。

4）安装使用前用500V兆欧表检查电机和控制箱的绝缘电阻，在常温下冷态电阻应大于1.5MΩ，方可使用。

5）绝对不要起吊超过额定负载量的物件，额定负载量在吊钩铭牌上已标明。

6）起吊物上禁止乘人，另绝对不要将电动葫芦作为电梯的起升机构用来载人。

7）起吊物件的下面不得有人。

8）起吊物体，吊钩在摇摆状态下不能起吊。

9）将葫芦移动到物体正上方再起吊，不得斜吊。

10）限位器不允许当作行程开关反复使用。

11）不得起吊与地面相连的物体。

12）不要过度点动操作。

13）不要用手电门线牵拉其他物体。

14）在维修检查前一定要切断电源。

15）维修检查工作一定要在空载状态下进行。

16）使用前确认楔块是否安装牢固可靠。

2.2.2 酸碱洗

1. 酸碱液排放的目的

酸碱洗一定时间后，酸碱槽内会积存大量的污物、杂物和一些化学反应产物，为了确保酸碱洗制品的质量，必须定期不定期对酸碱液进行更换。

2. 周期

定期更换：酸碱槽内的酸碱每一年更换一次。

不定期更换：如果酸碱品质不能满足使用要求，应对其进行更换。

3. 酸碱液、钝化液的更换步骤

排废液→掏槽→配新液。

（1）废液排放

作业人员按规定穿戴好劳保用品，开启通风装置，保持现场空气流通。打开酸碱槽底部的排液孔，将废液放入地沟，再开启污水泵工作，将废酸碱液转移到处理站进行处理。槽液排完后，再用干净冷水冲洗槽子，冲洗的废液也要用污水泵转移到处理站进行处理，不允许将其直接排入下水道。当酸碱液可再利用时，则将可用部分槽液用泵直接抽入容器槽内，待掏槽完成后，再将溶液返回工作槽。

废液排完后按《酸碱槽掏槽作业规程》进行掏槽，掏槽完成后，再按照酸碱新槽液的配置方法配置新酸碱液。

掏槽和配新酸碱液有专门章节进行讲解，不在此重复。

(2) 酸碱废液处理

主要有两种方式：中和处理和回收处理。

1) 中和处理

该方法是使浓的废酸、碱液和含酸、碱的清洗水分别进行中和反应，生成的氢氧化铝在凝聚剂作用下，经上浮或沉降处理和回转筛或压榨机脱水，与废水分离、抛弃，而废水经调整达标（pH 值达 6.5～7.5，悬浮物$<20\times10^{-6}$）后排放。中和处理的流程如图 2-2-6 所示。

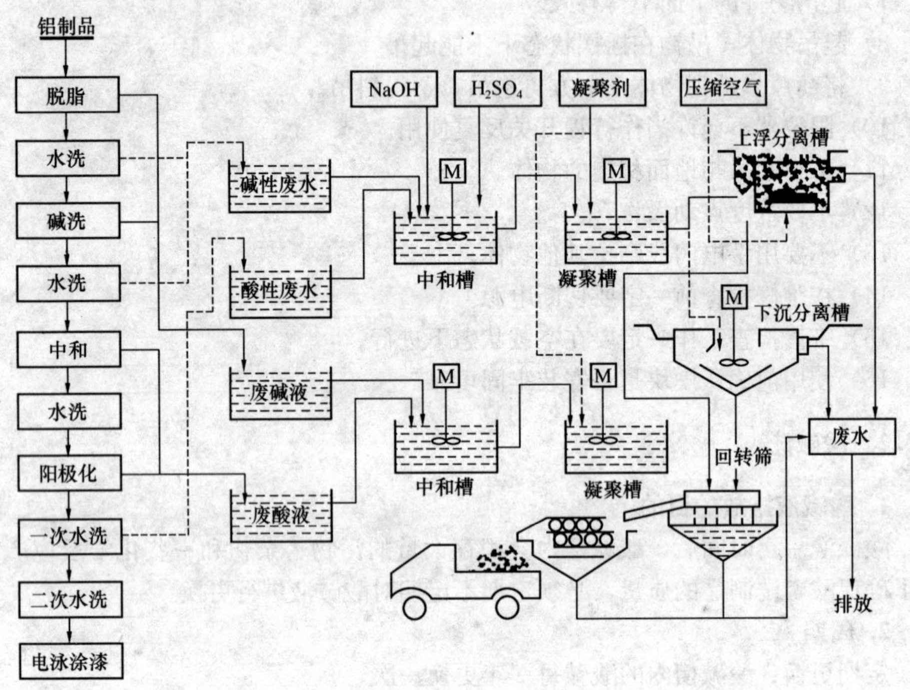

图 2-2-6　中和处理流程图

2) 回收处理

该方法是将废液中的酸、碱回收加以利用，同时将生成的氢氧化铝凝胶经制粒、离心分离，成为含水量 10%～30%的 $Al(OH)_3$ 颗粒，作副产品加以利用，碱的回收是将碱溶液中的铝除去，使溶液得以重复利用。

主要方法有拜尔法、水玻璃法。废硫酸溶液可采用浓缩蒸发使硫酸铝析出的晶析法、添加硫氨的铵明矾晶析法以及离子交换扩散渗透法。

3) 水的回收

水回收依据的原理是：含酸、碱的废水，在中和及沉淀（或上浮）除去吸附有大量钙、镁、硅酸及铁等杂质的氢氧化铝凝胶之后，进行过滤和脱盐处理分别除去悬浮物质和硫酸钠而得到回收，再经过 pH 值调整合格后加以利用。

脱盐再生回收水的方法有：离子树脂交换、RO（渗透）、真空蒸发和电渗析等处理方法。

4. 工艺操作

(1) 酸洗的工艺制度

不同合金制品的酸洗工艺制度见表 2-2-2～表 2-2-6。

表 2-2-2 铝合金板材的酸碱洗工艺制度

蚀洗程序	设备名称	槽液成分	工艺制度
1	碱槽	20%～30%NaOH	60～80℃，3～10min
2	水槽	冷水	室温
3	酸槽	10%～20%HNO_3	室温 3～10min
4	水槽	冷水	室温
5	水槽	热水	＞60℃

表 2-2-3 铝合金锻件的酸碱洗工艺制度

蚀洗程序	设备名称	槽液成分	工艺制度
1	碱槽	10%～20%NaOH	50～70℃，5～20min
2	水槽	冷水	室温
3	酸槽	10%～30%HNO_3	室温 5～10min
4	水槽	冷水	室温
5	水槽	热水	60～80℃

表 2-2-4 铜挤制品及坯料酸洗工艺制度

合金牌号	酸洗液成分（%）		酸洗时间 (min)	酸槽类别
	H_2SO_4	HNO_3		
紫铜、H96、H90、青铜	20～25	—	15～30	紫铜槽
黄铜、QAl9-4、QAl9-2、QAl10-3-1.5、QAl10-4-4	15～20	—	5～30	硫酸槽
白铜及铜镍合金	15～20	8～12	5～30	硝酸槽

表 2-2-5 铜拉制品及坯料酸洗工艺制度

合金牌号	酸洗液成分（%）		酸洗时间 (min)	酸槽类别
	H_2SO_4	HNO_3		
紫铜、H96、青铜	20～25	—	20～40	紫铜槽
黄　铜	15～20	—	5～30	黄铜槽
白铜及铜镍合金	15～20	8～12	5～20	硝酸槽

表 2-2-6 钛及钛合金板、带和箔材酸洗工艺制度

处理条件	酸洗成分（体积比值）	酸洗温度（℃）	酸洗时间（min）
碱洗后酸洗	35%～40%HNO_3+5%～7%HF+余 H_2O	>50	3～10

（2）酸碱洗时间的影响因素

酸碱洗过程中，由于溶液的浓度、温度以及组成成分处于动态变化中，加上不同制品对酸碱洗工艺的要求也不同，因此酸碱洗时间并不是固定不变的。实际生产中，应根据制品和溶液情况控制好酸碱洗时间，以保证洗后制品的几何尺寸及表面质量符合要求。

1）影响酸碱洗速度的因素

①溶液成分

为了调整酸碱洗速度，通常在溶液中加入一定量的调节剂，溶液成分的差异直接影响酸碱洗的化学反应速度。

②溶液浓度

浓度是影响化学反应速度的重要因素，通常在其他条件相同的情况下，溶液的浓度越高，化学反应就越剧烈，速度就越快。

浓度对反应速率的影响机理如下：对于简单化学反应

$$A+B=C$$

$[A]$、$[B]$ 分别表示反应物 A、B 的浓度，反应速率 V 可用以下关系式表示：

$$V=k[A][B]$$

对一般反应式：$mA+nB=C$，则：

$$V=k[A]^m\cdot[B]^n$$

式中 k 是比例常数，称作速率常数，对一具体的化学反应，在一定温度下，k 是个常数，它表示该反应进行的快慢，k 越大，反应速度越快；k 与反应物浓度无关，仅受温度影响。

此公式说明，在一定温度下，反应速率与反应物浓度方次的乘积成正比。

③溶液温度

改变温度是常用的改变反应速率的方法。温度对碱性溶液脱脂影响极为显著。根据实验，在 49℃以上温度每升高 11℃，效果可提高 100%，一般温度每升高 10℃，化学反应速率大约可提高 2 倍，因为温度升高，使分子间有效碰撞次数增多，因而加快了反应速率。当反应物浓度不变时，改变温度就能改变速率。

在公式 $V=k[A]^m\cdot[B]^n$ 中，反应速率常数 k 随温度的升高而增加。

2）酸碱洗时间

由于化学反应速度受诸多因素的影响，所以实际酸碱洗作业时间应根据溶液的组成、浓度、温度及蚀洗品质要求综合确定。时间过短，蚀洗不彻底；时间过长，不但浪费酸碱，还容易导致过蚀洗，制品表面出现粗糙或腐蚀等缺陷，甚至导致制品报废。

酸碱洗作业时，如果化学反应过于剧烈，可以往溶液中加入适量的水，降低其温度和浓度，同时缩短蚀洗时间；如果化学反应缓慢，可以往溶液中加入酸碱，提高其浓度，还可开大蒸汽阀门进一步加热，提高其温度，同时，延长蚀洗时间。

当溶液浓度较低时，可通入纯净的压缩空气搅拌，使溶液的浓度、温度趋于均匀，增加溶液与制品表面的摩擦，从而提高反应速度。

(3) 铜材酸洗工艺操作要求

铜材酸洗时间根据表面氧化程度和酸液浓度而确定，不能太长，否则会使铜材基体受酸浸蚀而产生表面麻点。在非通过式酸洗时，不要将铜材静止地浸泡在酸液中，而要不停晃动，以便使酸液均匀。酸洗白铜等氧化皮较致密的铜合金时可在硫酸溶液中加入一些强氧化剂如硝酸、双氧水等。如加入8%～12%的硝酸，可以改善酸洗效果。铜材酸洗工艺操作要求如下：

1) 任何品种的成品或半成品，热状态下均不得直接进入酸槽酸洗（紫铜、白铜挤压制品可利用挤压余热酸洗，但必须在制品挤出半小时后方可下酸）。

2) 紫铜料酸洗后，先下冷水槽清洗，再用高压水冲净铜粉，最后下热水槽清洗。

3) 操作者应根据合金的牌号、规格和批量，按照规定掌握好酸洗时间。既要酸洗彻底，又不能过酸洗，浸泡中要摇动数次，将氧化皮彻底洗净。

4) 酸洗时要将料全部浸泡在酸液中，酸洗后要控净残酸。

5) 在冷水槽中必须将残酸洗净，在热水槽中必须将料泡热（水温在80℃以上），水洗后必须把水控干，以便及时蒸发水分，防止水锈。

6) 各类酸槽只准洗规定的合金，严禁混用。

7) 成品管酸洗后应及时吹风。

8) 配酸时必须遵守先放水、后加酸的原则，防止事故发生。

9) 严禁用钢丝绳吊料下酸槽（圆盘料可用不锈钢钢丝绳吊料下酸槽）。

10) 当酸液中含酸量小于100g/L，含铜量大于25 g/L时，应及时换酸。如含铜量小于25 g/L可以补充新酸液。

11) 为了确保产品质量，要经常保持酸、水洗槽的清洁。

12) 为了提高挤坯、中间退火及成品退火后酸洗管棒坯的质量，避免残酸对轧制及拉伸润滑剂的腐蚀，从而提高润滑剂使用寿命，对冷、热水槽规定如下：

冷水槽酸值（pH值）保持在4以上（≥4），低于4则要加水；

热水槽酸值（pH值）保持在6以上（≥6），低于6则要加水；

酸值采用pH试纸检测，每班至少检测一次。

(4) 钛材碱洗工艺参数选择

碱洗工艺参数包括碱洗液成分、碱洗温度或时间。

1）碱洗液成分：钛及钛合金碱洗液成分的选择很重要。如在纯碱溶液中碱洗将造成大量吸氢，同时金属损失增加。钛及钛合金一般采用在含有15%～20%硝酸钠的氢氧化钠溶液中碱洗，其质量好，金属损失少。

2）碱洗温度：碱洗温度越高，金属与碱液反应越剧烈。过高的碱洗温度会使反应剧烈到难以控制，将会增大金属损耗，尤其可能引起钛材着火。碱洗温度低，反应温度缓慢，使生产率降低。同时由于碱洗的时间较长，使吸氢量增加。

3）间隙时间：碱洗时间长，吸氢量增加，金属损失大。试验发现，厚度1.5mm的TC10板材在520℃的纯氢氧化钠溶液中洗32s，金属重量损失1.3%；洗1min，金属损失3.6%。在480℃碱洗9min，金属重量损失高达45.3%，同时出现氢脆。

2.2.3　酸碱槽内污物、杂物的产生原因及清除方法

1. 酸碱洗槽内污物、杂物的产生原因

（1）制品表面、料筐表面不干净，附着有污物、杂物，酸碱洗时带入酸碱槽。

（2）车间顶棚上的杂物掉入酸碱槽。

（3）制品在进行烘干作业时，地面上的一些杂物被风吹入酸碱槽。

（4）酸碱洗过程中的化学反应生成物。

2. 酸碱洗槽内污物、杂物的清除

（1）减少酸碱洗槽内污物、杂物的措施

为了防止制品表面以及料筐内的一些污物、杂物被带入酸碱槽，酸碱洗作业前应将制品表面以及料筐内的污物、杂物清除干净，同时保持作业现场清洁。

（2）酸碱洗槽液表面污物、杂物的清除

酸碱槽表面的油污、异物可用专用的金属漏网进行打捞清理，作业时按酸碱危化品作业规定穿戴好劳保用品，避免酸碱液溅在皮肤、衣物上，特别注意防止酸碱液溅入眼睛内，漏网打捞清理出来的油污、异物，用塑料桶收集好，不能随意放置、倾倒，应按酸碱危化品的规定进行处理。

（3）酸碱洗槽底污物、杂物的清除

清除酸碱洗槽内沉淀的污物、杂物，需进行掏槽作业。掏槽作业按《酸碱槽掏槽作业规程》进行。

2.2.4　酸碱槽掏槽作业规程

1. 掏槽目的

酸碱液使用一段时间后，固态杂物和化学反应产物沉淀于槽子底部，在连续生产的情况下，铜材酸槽1～2月彻底清理更换一次。碱洗产生的氢氧化铝以泥浆状沉积于槽底，当累积到一定厚度后会影响碱洗质量，碱槽需要掏槽予以清除。掏槽周期视使用情况而定，一般一年须彻底清理一次。

2. 掏槽前的准备工作

（1）准备好盛装废物的容器，确认其牢固、完好、无泄漏。

（2）准备好掏槽的工具，如铁铲、铁撬、塑料桶或装料斗等。

（3）开启作业现场的换气扇，保持现场空气流通。

（4）关闭所有的加热阀门、加水阀门。

（5）接好水管，作为清理槽子或出现特殊情况时使用。

（6）打开槽子底部的排液孔，启动污水泵将废酸碱液抽到酸碱废液处理站进行处理，待废液排完并用干净水冲洗后才能掏槽作业。

（7）掏酸碱槽前，必须按程序打危险作业申请报告，待安全措施落实后方可作业。

3. 掏槽作业

（1）掏槽人员必须穿戴好酸碱作业用劳保服装，戴好安全帽、眼镜、手套、口罩，穿上长筒靴。槽内作业时，槽外必须有人监护。

（2）槽内人员用铁铲、铁撬将废物清理到废料斗，由槽外人员用天车将废料斗吊出，倒入事先准备好的容器中。盛装废物的料斗不能装得太满，以免溢出。掏槽时严禁将槽内废物直接向槽外抛出。

（3）槽内作业时间不能太长，连续作业 30min 须轮换到槽外作业。

（4）掏槽时小心谨慎，不得损坏靠近槽壁的加热装置。

（5）废物掏完后，用水冲洗槽子。

（6）塞好槽子底部的排液孔。

（7）将搜集废物的容器吊离，送到专门的废物处理站进行处理，不得将废物随处丢弃，也不得将酸碱槽废物与一般废物混合放置。

（8）清理作业现场卫生，收拾好作业工具，及时换下作业衣物。

（9）填写好作业记录。

2.2.5 铝锻件修伤

1. 修伤的目的

修伤是铝合金模锻生产中的重要工序，在锻造或模锻工序之间，终锻以后以及在需要检验之前，铝合金模锻件都要进行表面清理。常用的表面清理方法是先蚀洗后修伤，由于铝合金在变形过程中容易产生各种表面缺陷（折叠、起皮、裂纹等），在进行下一道工序前，必须打磨、修伤，将表面缺陷清除干净，否则在后续工序中缺陷将进一步扩大，甚至引起锻件报废。

2. 修伤工具

修伤常用的工具有：风动铣刀（图 2-2-7）、风动砂轮（图 2-2-8）、风动铣刀接头（图 2-2-9）、风铲（图 2-2-10）、电动软轴砂轮机（图 2-2-11）。

图 2-2-7 风动铣刀

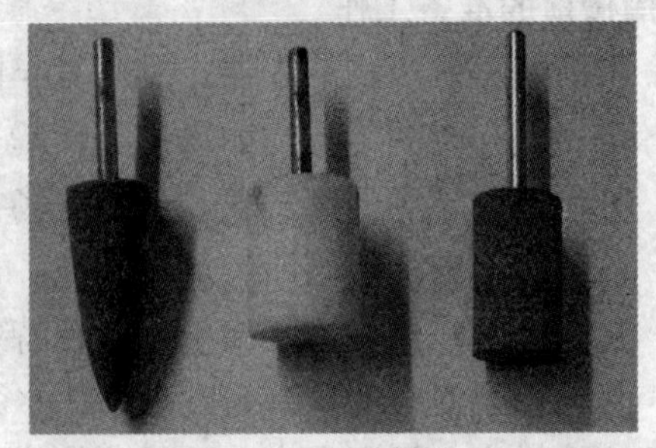

图 2-2-8 风动砂轮

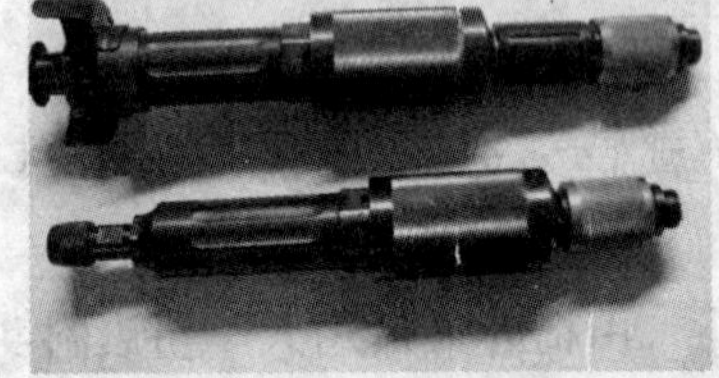

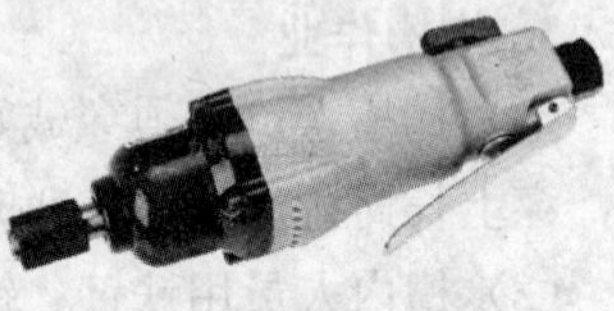

图 2-2-9 风动铣刀接头

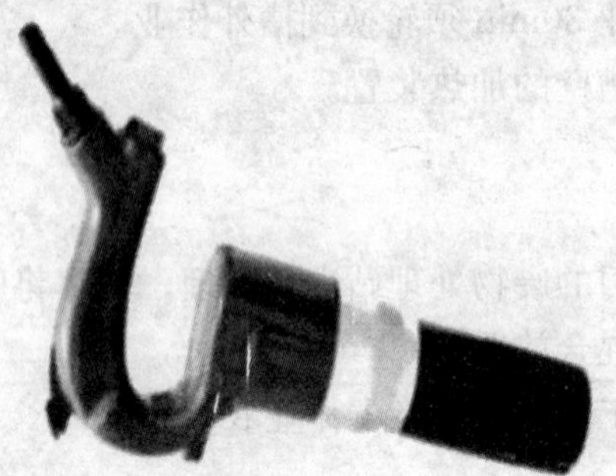

图 2-2-10 风铲

图 2-2-11 电动软轴砂轮机

3. 修伤作业

（1）修伤作业程序

修伤前准备→确定修伤缺陷及位置→选择修伤工具→修伤→检查→装筐。

（2）修伤前准备

将需要修伤的锻件摆放在修伤场地，连接修伤工具与风管，用铁丝将其连接处绑牢，将工具风动开关关闭。

（3）确定修伤缺陷及位置

自由锻件和模锻件在生产过程中产生的压折、裂纹、折叠、外来物压入、起皮等均需彻底修除，对未成型处的棱角、锻痕处棱角均要打磨圆滑，排气孔处的凸台也要修掉。修伤前先由生产人员自检，后由检查人员检查，确定整个锻件需要修伤的缺陷位置和数量，并用色笔标明修伤位置。

（4）选择修伤工具

按锻件表面缺陷的类型、位置和大小选择合适的修伤工具，对折叠、外来物压入缺陷，必须先用风铲将缺陷清除干净，再用铣刀或砂轮打磨圆滑。

（5）修伤

锻件裂纹、折叠缺陷按“风铲修伤→铣刀修伤→砂轮修伤”秩序进行缺陷清除。起皮、磕碰伤、欠成型、排气孔凸台缺陷用风动砂轮清理并圆滑。当裂纹、折叠不能判断是否完全清除或表面缺陷深度确定不了时需再次蚀洗，直至缺陷清除彻底、缺陷深度能够确定为止。非加工表面允许存在的不超出规定的缺陷用风动砂轮清理圆滑。

修伤处需圆滑过渡。修伤处的展开宽度应是修伤深度的10倍左右，铣刀修伤时其旋转方向应与金属流动的纤维方向一致，绝不允许垂直进行。修伤时锻件印记被清除的要及时补上。

（6）检查

经修伤的锻件必要时须再次蚀洗或再次修伤，先由生产人员自检，后由检查人员专检，直到确认缺陷被彻底清除为止。锻件缺陷被彻底清除后，原缺陷位置和大小仍要用色笔标识。

（7）装筐

修伤后的锻件应将碎屑和污物用风管吹干净，然后分批装筐或摆整齐。

4. 修伤作业必须遵循的安全规范

（1）修伤时应配戴防护眼镜和面具等防护用品，工作时不得随意站在修伤对面。

（2）工作时，风铲、砂轮必须握紧，以防脱落伤人，并且要戴上耳塞。

（3）风铲、砂轮机与胶管的连接必须牢固。

（4）搬动被修伤工件时要小心，以免碰伤、砸伤。

（5）吊运时必须详细检查吊具、钢丝绳是否符合起重设备和所吊运料的承受负荷，不得超负荷起吊，不得使用断裂的料筐和报废的钢丝绳。

2.3 质量控制

1. 产品尺寸偏差工艺技术标准

酸碱洗过程中，铝材与酸碱发生化学反应，材质本身不断被消耗，将引起制品外形几何尺寸的变化。因此只有熟悉产品尺寸偏差工艺技术标准，并在生产中按技术标准严格加以控制，才能确保产品几何尺寸符合技术标准的要求。

（1）铝板材的尺寸允许偏差标准：（GB/T 3194）

该标准对板材的长度、厚度、宽度偏差作了详细的规定，生产中，要注意区分普通级与高精级的不同。

（2）模锻件公差及机械加工余量标准：（HB 6077）

适用于铝合金、镁合金、铜合金、碳钢、合金钢、钛合金和高温合金的锻件。

（3）铝及铝合金模锻件尺寸偏差及加工余量标准：GB 8545

2. 铝合金制品酸碱洗缺陷、产生原因及消除措施

（1）过蚀洗

1）产生原因

酸碱溶液浓度太高，缺少缓蚀剂，或酸洗工艺不合理（溶液温度太高或停留时间太长），转移至清洗槽速度慢，制品在蚀洗槽中放置不当均可造成制品蚀洗过度，使制品表面呈麻面腐蚀状，严重的导致制品几何尺寸减薄报废。

2）预防措施

按工艺规程操作；防止酸碱浓度过高；添加缓蚀剂；防止溶液超温、蚀洗时间过长，视污染程度确定处理时间；提高转移速度，保证吊运设备处于正常状态。

（2）欠蚀洗

1）产生原因

蚀洗后制品表面还残存有氧化物、黏附物等。溶液使用时间长，酸、碱溶液浓度太低、制品表面油污严重或酸洗工艺不合理（溶液温度太低或处理时间太短）、操作不当（制品间距过密，制品在蚀洗时露出液面）均可能造成制品的蚀洗不彻底。

2）预防措施

按期进行酸碱浓度的化验和添加酸碱或更换溶液以保持合适的浓度范围；严格按规程保证足够的蚀洗温度和时间；对表面污渍严重的制品可先用有机溶剂清洗，再采用较高的蚀洗温度和适当延长蚀洗时间；制品之间保持足够的间隙，保证制品沉没在液面之下。

（3）白灰

1）产生原因

蚀洗后制品表面出现一层灰白粉末，不及时处理会腐蚀制品表面。这种灰白粉末实际上是黏附在制品表面的氢氧化钠。产生的主要原因有：碱液浓度过高，酸液浓度过低，在酸槽或水槽中停留的时间太短，冷热水质不合格。

2）预防措施

根据蚀洗量及时调整酸碱浓度，保证达到工艺规程的要求；延长在酸槽中停留的时间，达到完全中和的效果；在冷、热水槽进行清洗时可上下提升料筐，延长清洗的时间；经常检测冷、热水槽 pH 值，防止 pH 值 超标；适当提高热水的温度。

（4）黑渍

1）产生原因

制品表面黑色块状斑渍，主要原因是碱洗后酸中和不彻底。

2）预防措施

碱洗后增加制品在冷水中清洗的时间；适当提高酸液的浓度或延长酸洗的时间；避免用游离苛性物作脱脂剂或采用足够量缓蚀剂。

(5) 表面粗糙

1) 产生原因

表面粗糙可能因模具型槽表面不光滑，润滑油不干净造成表面腐蚀，抹油过多造成局部变形过于激烈产生表面起皮，也可能因蚀洗不当或淬火时硝盐未洗净造成。

2) 预防措施

对于表面本身较粗糙的或表面污渍严重的制品，防止一次碱洗时间过长，可采用短时间多次碱洗。

(6) 水渍

1) 产生原因

制品蚀洗后因少量水分残留在制品表面，留下水渍。产生水渍的原因有：热水温度太低，制品摆放太紧密，制品摆放位置不当，烘干效果不好。

2) 预防措施

保证热水温度在工艺规定范围内；制品间隙足够，确保溶液和水流畅；制品的摆放规范，不兜水；制品蚀洗后，及时用干净的毛巾将表面残留的水擦干；按规定及时对制品进行烘干。

(7) 表面油污

1) 产生原因

制品本身油污严重，槽液不干净，冷热水槽杂质多，装卸制品的工具不干净。

2) 预防措施

定期清理槽液悬浮物；及时更换冷热水；保持吊装工具的清洁，蚀洗后发现制品有油污立即用毛巾将其擦掉。

(8) 碰伤

1) 产生原因

制品在装料、卸料、吊运过程中发生磕碰。

2) 预防措施

采用可靠的吊运方式；制品在装卸时轻拿轻放；制品摆放要稳定牢固；在制品之间或制品与器具接触处垫一些较软的物品；轻微碰伤，可用刮刀、风动砂轮等工具进行修伤处理。

3. 铜材酸碱洗制品缺陷、产生原因及消除措施

(1) 过酸洗，制品表面麻点

1) 产生原因

酸液浓度过高、酸液温度过高或酸洗时间过长。

2) 防止措施

按比例添加水，降低酸液浓度；降低酸液温度；减少酸洗时间。

（2）制品表面有残酸，造成后续拉伸跳车

1）产生原因

制品表面有残酸，造成后续拉伸跳车，产生原因是冷热水槽酸值（pH）过高。

2）预防措施

对冷热水槽水进行更换。

（3）酸洗不彻底，表面有氧化铜

1）产生原因

这类质量问题将造成后续拉伸制品表面划伤，产生原因是酸液浓度低，酸洗时间短或酸液中硫酸铜含量过高。

2）预防措施

添加酸液提高酸液浓度，增加酸洗时间、添加水和酸降低硫酸铜浓度。

（4）酸洗不净，表面残留铜粉及酸

1）产生原因

这类缺陷会造成制品内外表面夹杂，产生原因是表面铜粉及残酸未冲洗干净。

2）预防措施

在酸洗过程中增加摇动次数，酸洗后用高压水进行冲洗。

（5）表面镀铜

1）产生原因

酸洗槽内混入铁制品。

2）预防措施

及时将槽内铁制品捞出，视情况更换酸液或添加新酸液进行稀释。

4. 钛材酸碱洗制品缺陷、生产原因及消除措施

（1）过碱洗

过碱洗其特征是板材经碱洗后，表面生成暗色小圆状斑，从而使表面失去金属光泽。产生的原因有：氧化皮过厚，碱洗温度较低因而碱洗时间过长；碱液成分不当，或因洗料过多，碱液中杂质增加，影响板材均匀腐蚀。

（2）过酸洗

过酸洗的板材表面产生光亮的小腐蚀坑。产生的原因有：碱液的浓度低，酸洗时间长，造成表面腐蚀不均匀；酸液成分不当，含有杂质较多，影响板材均匀腐蚀。

（3）碱洗着火

由于碱洗时局部温度过高，反应过快，使钛局部熔化，板材一出碱液面在空气中立即着火。产生的原因有：碱洗筐结构不合理，底部未垫钛条，两种金属产生电势差；板材边部毛刺未切净，反应快易着火；碱液温度过高，反应快易着火；碱液配比不当，氢氧化钠比例过大，硝酸钠过小，反应快易着火。

（4）水痕和发蓝

钛及钛合金经酸洗和水冲洗后表面仍很不干净，当残水蒸发后留下了痕迹，以点、条和片状连续或不连续存在，使表面失去本色。产生的原因是：水洗后表面上的水未及时烘干；残酸未冲干净，使板材继续氧化发蓝。

（5）板型

碱洗后经水淬时易造成板型不良。这主要是冷热不均，应力不一致所致。

（6）尺寸超差

酸洗时由于酸液较浓，洗时长，翻动不及时使腐蚀厚度大或局部洗掉太多，造成薄尺和同板差增大。

（7）针孔

经酸洗后，板材表面呈现密度不等的分散或成簇的微小孔穴。产生的原因有：坯料因铸锭有气孔、疏松和夹杂；过酸洗造成点腐蚀；轧制中金属或非金属被压入，经酸洗后出现小孔穴。

2.4 设备维护

2.4.1 设备参数

（1）桥式天车（酸洗吊车）参数

起重量：3.6t（两个卷扬机）；跨度：12m

提升传动装置：电动机，MTK—21—6，N=3.5kW，n=875r/min

减速机：两级正齿轮减速机，PM—350，i=48.57

桥架移动传动装置：电动机，MTK—12—6，N=3.5kW，n=875r/min

减速机：PM—350，重物提升速度：V=9m/min

（2）D型多级离心清水泵

电动机：$TO_2$62—2；功率：17kW，转速=2930r/min

扬程：57m，Q=32.4L/h

2.4.2 设备的点检、润滑

（1）电动葫芦的维护规定（表2-2-7）

表2-2-7 电动葫芦的维护表

序号	部位名称	润滑方法	润滑油脂名称	间隔期
1	起升机构减速器	自上部孔注入	新标准N100 或旧标准50#机械油	三个月
2	运行机构减速器	拆去电机后注入	3#锂基润滑油	六个月
3	钢丝绳及卷筒	涂抹表面	钢丝绳油脂	六个月

续表

序号	部位名称	润滑方法	润滑油脂名称	间隔期
4	吊钩推力轴承及滑轮处轴承		3# 锂基润滑油	六个月
5	走轮轴承	涂抹表面	3# 锂基润滑油	六个月
6	卷筒轴承	涂抹表面	3# 锂基润滑油	六个月
7	起升和运行电机轴承	挤入	3# 锂基润滑油	六个月
8	慢速箱体	挤入	3# 锂基润滑油	六个月

1）在使用中必须由专门人员定期对电动葫芦进行检查，发现故障及时采取措施，并仔细作好记录。

2）定期检查钢丝绳，钢丝绳的检验和报废应按《起重机钢丝绳保养、维护、安装、检验和报废》（GB/T 5972）的规定执行。

3）电动葫芦使用中必须保持足够的润滑油，并确保润滑油干净，不含杂质和污垢。

4）钢丝绳上油时应该使用硬毛刷或木质小片，严禁直接用手给正在工作的钢丝绳上油。

5）电动葫芦不工作时，不允许把重物悬于空中，防止零件产生永久变形。

6）使用中应特别注意易损件情况。

（2）酸洗槽相关设备的点检、维护见表 2-2-8，吊车及水泵的润滑见表 2-2-9。

表 2-2-8 酸洗槽相关设备的点检、维护表

点检部位	检查内容和方法	维护标准与要求	间隔期
排风系统	打开电源	所有排风扇正常转动	每班
蒸汽阀 蒸汽加热管	打开气阀门	阀门开关灵活，阀门完好无锈蚀；蒸汽管外壁保温材料无破损；槽液加热后能达到所需温度范围	每班 一周
槽体	目测外表面	焊缝完好无脱焊，表面漆层完好无脱漆	每月
管道、阀门	目测外表面	阀门完好无损坏；管道正常进水、排水无渗漏，管道外壁漆层完好无脱漆	每班 一周
疏水装置	开启抽水泵电源	污水正常排放	每班
测温仪表	目视	正常显示槽液温度值	每班
地沟	目视	无堵塞，无积水	每班
酸罐	目测	罐体、管道、阀门完好，焊接处无脱焊，盛装酸液无渗漏	装运酸液前后

表 2-2-9 吊车及水泵的润滑

序号	润滑部位	润滑点数量	润滑油牌号	润滑周期	润滑方式
一	吊车				
1	齿轮联轴节		4# 钙基润滑脂	每月一次	压入
2	制动器销轴	4	40# 机械油	每周一次	滴入
3	传动轴卷筒走轮等部件轴承		4# 钙基润滑脂	半月一次	油耗压入
4	定滑轮轴承、勾头滑轮	5	4# 钙基润滑脂	每周一次	油耗压入
5	减速箱	3	40# 机械油	3个月加一次 半年换油	灌入稀油
6	钢丝绳	2	石墨润滑脂	每月一次	表面涂油
二	多极离心清水泵轴承	2	4# 钙基润滑脂	检修时	填入

2.4.3 设备故障

（1）电动葫芦的常见故障

1）起升电机起吊无力或电机不运转；自动断电。

2）减速器噪声超过允许值；从卷筒处漏油；从减速器箱盖处漏油。

3）电控箱接触器触头烧坏或变压器（36V）烧坏；接线头松动；按钮开关手柄（或遥控器开关按钮）接触不良。

4）起升上限位失灵。

5）导绳器损坏。

6）电动小车行走晃动，有一只车轮踏空。

（2）酸洗槽相关设备的一般故障

1）排风扇不能正常运转。

2）阀门锈蚀或损坏。

3）槽液加热后不能达到所需温度。

4）污水不能正常排放，地沟堵塞积水。

5）测温仪表显示槽液温度值有误。

6）酸罐发生渗漏。

第3章 高级技能

3.1 生产准备

1. 氢氧化钠的泄漏应急处理

（1）应急处理

隔离泄漏污染区，限制人员出入，建议应急处理人员戴自给式呼吸器，穿防酸碱防护服，不要直接接触泄漏物。

（2）消除方法

用大量水冲洗，将稀释水放入废水系统，收集或回收至废水处理站处置。

2. 硝酸的泄漏应急处理

（1）个人注意事项

限制人员进入，直至外溢区完全清除干净为止；受过培训的人员负责清理工作；穿戴规定的个人防护用品。

（2）环境注意事项

对泄漏区通风换气；移开所有引燃源；通知政府职业安全卫生与环境相关单位。

（3）清理方法

不要直接碰触外泄物；避免外泄物进入下水道、水沟或密闭的空间内；在安全许可状况下设法阻止或减少溢漏；用沙、泥土或其他不与泄漏物发生反应的吸收物质来围堵泄漏物；少量泄漏，用不会和外泄物反应的吸收物质吸收。已污染的吸收物具有相同的危害性，须放置在加盖并作标识的容器内，少量的泄漏可用大量的水进行稀释；大量泄漏，联系消防队、紧急处理单位及供应商寻求协助；用水冲洗外泄区，但勿让水渗入容器内；大量外泄时，需喷水稀释酸雾。

3.2 工艺操作

1. 对形状复杂铝制品的酸碱洗

筋高、筋多、型腔深的模锻件，模锻过程中有较多的润滑油、石墨沉积黏附在筋上及型腔底部，容易出现蚀洗不净的情况。对这类制品要适当延长碱洗时间、提高碱洗温度或采取多次蚀洗。一次蚀洗后，针对制品表面情况进行加热或打磨处理除去局部的粘附物，再进行第二次蚀洗。方法如下：

（1）如果锻件较多表面均未洗干净，则将锻件重新再蚀洗一次，根据表面不洁程度调整蚀洗时间；碱洗时，密切观察化学反应状况，洗一段时间，把制品提出槽液，察看制品的表面状况，控制好洗料时间。

（2）如果锻件表面只存在少量附着物如石墨类，则用砂轮、粗砂布打磨或刮刀轻刮，将附着物除去后再蚀洗一次。

（3）如果锻件表面有大量附着物且附着程度深，用打磨法不能轻易将这类附着物清除，则可采用加热法，即将制品装筐在加热炉内加热至 100℃，加热时间 1h 以内，出炉后立即将制品放入冷水浸泡，然后再将制品蚀洗一次。

酸碱洗缺陷如图 2-3-1 所示。

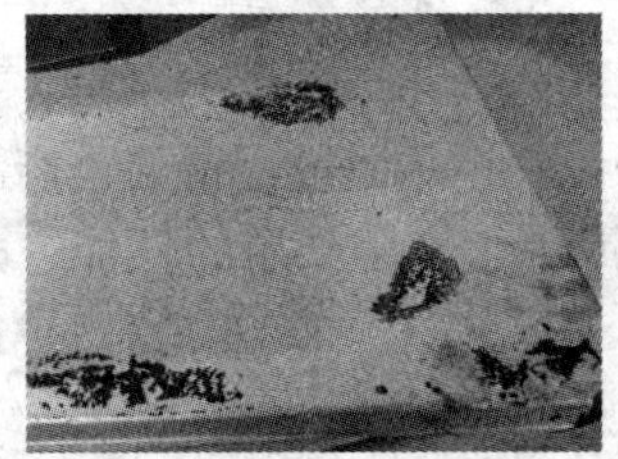
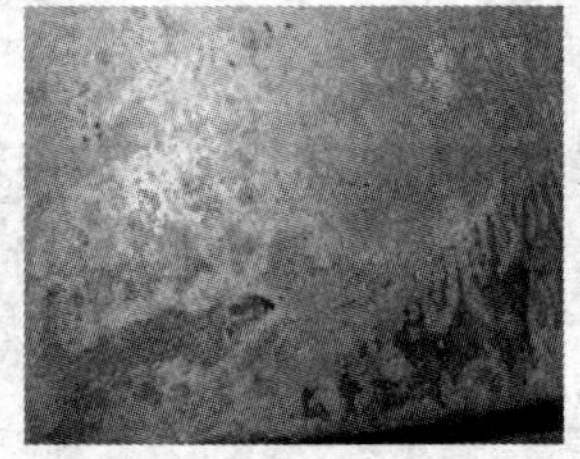
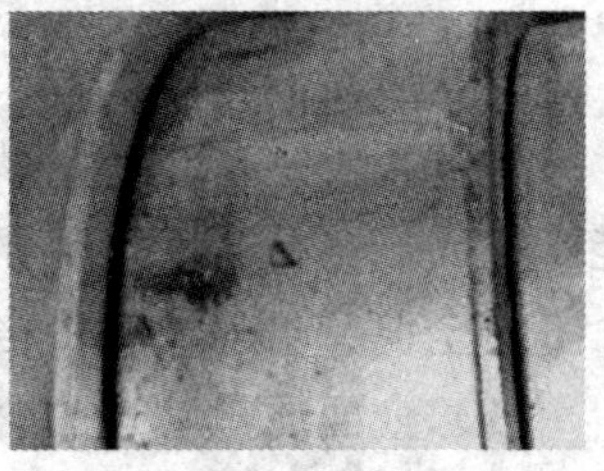

图 2-3-1 酸碱洗缺陷

2. 盐浴（硝盐）淬火的复杂铝制品酸碱洗

形状复杂的制品经盐浴淬火后其表面会附着少量硝盐，按正常的酸碱洗会引起制品麻面、表面粗糙等缺陷。这类制品的蚀洗方法是：

（1）碱洗，浸泡时间为 3～5min。

（2）冷水洗时，上下快速运动制品将粘附的硝盐冲洗掉。

（3）按正常工艺重新蚀洗一次。

3. 表面粗糙制品的酸碱洗

对表面粗糙制品，如果酸碱洗工艺不当反而会加重制品表面粗糙程度。关键是控制碱洗的温度和时间，对局部特别粗糙的部位先用细砂轮或粗砂布进行打磨，如果局部油污严重，碱洗前先用洗油或抹布将油污尽量清除。适当提高碱液的温度，缩短碱洗的时间，制品只能保持轻度碱洗，决不能长时间碱洗，更不能重复蚀洗。

4. 高精度铝制品酸碱洗

对于机械、电子、航空、航天领域用部分铝材，要求高精级尺寸和高质量表面，酸碱洗不当会造成制品报废。这类制品的酸碱洗要从三个方面加以控制：

（1）保证酸碱槽液的纯洁度，防止溶液中杂质对制品的污染；冷热水保持清洁、pH 值达到规定要求。

（2）制品酸碱洗前尽量将表面的油污、异物擦净，装卸时精心操作防止压伤、划伤制品表面。

（3）严格按工艺蚀洗，防止产生酸碱洗缺陷。

5. 小直径管材的酸碱洗

对于小直径的管材，溶液在管内不易流动，导致酸碱洗过程中，管内各处溶液的浓度出现差异，从而引起各处的化学反应速度不一致，致使管材洗后壁厚不均。为了确保酸洗后管材质量合格，可以采用流动溶液的方法进行酸碱洗，洗料时让溶液从管内匀速流过。

3.3 质量控制

3.3.1 质量管理

（1）质量的概念

总的来说，产品质量就是产品的使用价值。具体来说，产品质量，指的是产品能满足人们（社会和个人的）需要所具备的那些自然属性（包括产品的性能、寿命、安全性、可靠性、价格、交货期和服务）。

（2）全面质量管理的含义

全面质量管理是把专业技术、经营管理、数理统计和思想教育结合起来，建立起从产品的研制设计、生产制造、销售服务等一套质量保证体系，从而用最经济的手段，生产出用户满意的产品。

（3）全面质量管理的特点

从过去的事后检验、把关为主转换为以预防为主、改进为主，从管结果变为管因素。

（4）数理统计基础知识点

1）成品率＝成品量/投入量

2）生产效率＝成品量/生产时间

3）质量管理中常用的统计分析工具

4）主次因素排列图

排列图是用来找出影响产品质量主要问题的一种有效方法，用到质量管理中，作为改进措施，是选择关键因素的一项有力工具。排列图由两部分组成，一部分是将产生的废品按量的多少的顺序排列在排列图的横坐标上，再将其数量相应地记在纵坐标上，又将每个废品的百分比，按序累加起来标在纵坐标上，并如此类推，最后将得到的所有百分点连接成一条曲线，这条曲线叫巴雷特曲线。累计百分数在0％～80％为A类因素；80％～90％的为B类因素；90％～100％的为C类因素。A类因素是影响产品质量的关键因素。

5）因果分析图

虽然在排列图中能找出质量问题的关键和结果，但是还无法做出解决问题的决策，只有对造成这个关键和结果的各种原因进行分类和归类，并且从这些具体原因中找到主要原因，才可能采取有效的措施。

因果图的基本格式如图 2-3-2 所示。图中的主干箭头指的是结果或问题。主干箭头的上方和下方有大、中、小箭头及细箭头。这些箭头后面标的都是造成这个结果的原因（作图时应注意结果与原因不能混淆）。这里大、中、小、细箭头的分类是原因的层次细分，而不是对结果影响大小的分类。我们必须在作因果图的过程中，依靠管理、技术、设备、生产、质量人员的共同参与对列出的实际原因进行分析和规律，从而找出主要原因，并且对找出的主要原因在进一步的生产实践中加以论证。

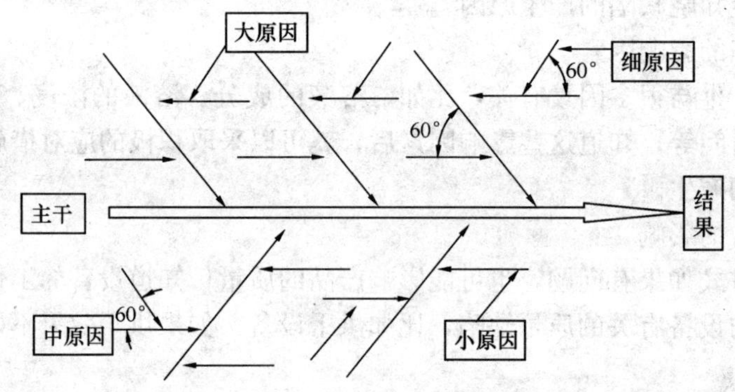

图 2-3-2 因果图格式

6）持续改进方法——PDCA 循环

在质量攻关、技术攻关中，制品质量分析是一种活动程序，要持有严谨的态度和采用科学的处理方式，广泛采用一种 PDCA 的流程模式。

P 阶段——制定对策，就是建立具体的改进方案，分四个步骤。

第一步：通过总结分析，可画出因素排列图，找出存在的问题，进一步找出主要问题。

第二步：通过广泛讨论、分析，弄清原因，这需要从人、机器、材料、方法、测试和环境（简称 5M1E）查找，寻找原因的方法可采用因果分析图。

第三步：必须找出影响问题的主要原因。

第四步：研究对策和措施。

D 阶段——实施对策和措施，在此过程中可能还需要不断修正计划，补充措施。

C 阶段——检查效果。

A 阶段——巩固措施及今后打算。

3.3.2 制品质量缺陷预防

1. 关键质量控制点的建立

以在生产过程中材料、设备、工装、操作方法、过程及过程参数等要素的变化对制品质量影响的重要程度建立关键质量控制点。应通过分析研究和技术、操作、检查人员的共同讨论来确定关键的质量监测点。

2. 酸洗产品质量的控制方法

酸洗产品的表面质量要求较高，作为高级工必须知道生产中缺陷的产生原因，并能采取有效的措施对产品质量进行控制。

（1）酸洗的化学机理

酸洗实际上是制品与酸碱发生化学反应的过程，如果知道了化学反应机理，就可以从根本上知晓缺陷的产生原因。

（2）缺陷的影响因素

缺陷的产生与很多因素有关，比如，溶液的成分、溶液的浓度、溶液的温度、化学反应的时间等，知道这些影响因素后，就可以采取积极的应对措施，避免或尽量减少缺陷的产生。

（3）设备的影响

装料的方式如果有问题，也可能影响产品的质量；知道设备的工作原理，就可能知道某种与设备有关的质量缺陷，比如烘干设备，如果烘干效果不好，就可能出现水痕。

3.4 设备维护

1. 电动葫芦常见故障的处理

（1）起升电机起吊无力或电机不运转

电源电压过低，保证电机端电压大于额定电压的90%；电源线太细，线压降大，按说明书选配电源电缆线；电源三相电压不平衡，调整用电，保证三相电压相差小于±3%；电机两相运转，检查保险丝、接触器及各接线头是否正常接通；电机后端盖与制动轮锈住，拆下制动轮，清除后端盖锈蚀再安装调试；定子线圈受潮，返厂修理，重新浸漆烘干。

（2）葫芦在长时间连续运转后，可能出现自动断电现象，这属于电机的过热保护功能，此时可以下降，过一段时间，待电机冷却下来后即可继续工作。

（3）减速器噪声超过允许值：加润滑油。

从卷筒处漏油：减速器中加油过多，放掉多余油量。

从减速器箱盖处漏油：箱体箱盖间油封条损坏，更换油封条。

（4）电控箱接触器触头烧坏或变压器（36V）烧坏：通电电压对额定电压的偏差超过±10%；温度不超过40℃，湿度不得产生凝露。

接线头松动：安装前进行检查、紧固。

按钮开关手柄（或遥控器开关按钮）接触不良：按钮开关手柄严重磕碰，及时检查按钮及线头；控制电缆内部断线，更换手柄电缆，使用中禁止拧折电缆线。

（5）起升上限位失灵：电源线接线错相，检查确认后掉换二相接线；调试中限位杆停止块未紧固，发生松动移位，重新调节并紧固停止块。

（6）导绳器损坏：歪拉斜吊，起升不垂直，操作者须经培训，遵守安全操作规程。

（7）电动小车行走晃动，有一只车轮踏空：轨道不平直，检查和整修轨道；车轮直径不一致，通知生产厂更换小车。

（8）在使用过程中，如果发现故障，应立即切断主电源。

2. 酸洗槽相关设备的一般故障

（1）排风扇不能正常运转

线路或排风扇被腐蚀，需要更换。

（2）阀门锈蚀或损坏

更换阀门。

（3）槽液加热后不能达到所需温度

蒸气阀门损坏，更换蒸气阀门；运送蒸气的管道堵塞或漏气，逐段排查并修复；修复破损的蒸气管保温层；延长加热时间。

（4）污水不能正常排放，地沟堵塞积水

地沟堆积淤泥太多，清除淤泥，疏通地沟排水管道；抽水泵损坏，疏水装置故障，对其进行维修或更换。

（5）测温仪表显示槽液温度值有误

测温热电偶损坏，更换热电偶；仪表失灵修复或更换仪表。

（6）酸罐发生渗漏

焊缝脱落，及时补焊。每次运酸前均要仔细检查焊缝和阀门，酸运回后立即加入酸槽。

3. 蚀洗槽的验收调试方法

（1）渗漏检查

槽体焊接后涂煤油检查焊缝的严密性，不得有渗漏现象。

（2）槽体检查

槽体安装后在槽内和地面以上的槽外涂过氯乙烯底漆一层，过氯乙烯漆两层，过氯乙烯清漆四层；槽外地面以下涂沥青五层。检查涂漆层是否达到要求。槽体内装满水量两天，检查是否有渗水现象。

（3）管道验收

蒸汽管道外铺设保温层，外径为140mm、114mm、88.5mm的蒸气管，其保温层厚度分别为40mm、35mm、30mm。对裸露在地面上的蒸汽管道用石棉绳缠捆，其余管道均涂过氯乙烯漆，埋在地下的钢管外壁刷热沥青两遍防腐。检查刷漆和沥青是否符合要求。

各种管道以15倍工作压力进行水压试验。蒸汽管保温层的敷设应在水压试验后进行。蒸汽到达蚀洗间内的压力要求达到3个表压。

（4）碱槽、热水槽液温度验收

碱槽、热水槽加满水后，蒸汽管通蒸汽，水温能否达到要求的范围。

（5）疏水装置、抽水泵

疏水装置的排水是否畅通，有无堵塞；抽水泵能否正常工作，各部位连接处是否紧密，工作时有无液体泄漏。

4. 设备使用及维护

（1）使用设备，必须认真学习该设备的使用和维护规程，考试合格后，经批准发给操作证，在指定岗位上进行操作。凡考试不合格者，不得擅自使用设备。

（2）设备使用者必须按照“维护规程的内容进行设备保养，定期对设备各部进行润滑。经常擦洗设备，保持设备的清洁，搞好文明生产。

（3）维护工人必须对本岗位范围的设备定时进行检查，认真执行设备维护规程规定的内容填写设备点检表，发现问题及时解决。加强对跑、冒、滴、漏的处理。

（4）设备不允许超负荷运行。主要设备确因特殊情况需超负荷生产，必须写报告，提出相应措施，由上级主管部门批准。未经批准不准超负荷运行。

3.5 培训指导

1. 准备工作

需要事先做好实际操作指导前的各项计划和准备工作，如明确作业的时间、地点、内容、进度和要求，落实作业所需的场地、设备、工具、量具、材料等。另外，需要准备实际操作时给予培训对象详细的说明、指示和要求。

2. 实际操作指导

实际操作指导是指通过培训人员反复的讲解、示范和培训对象反复的练习，使培训对象掌握某种操作技巧或程序的过程，实际操作指导是讲解、示范和练习的有机结合。在实际操作时应尽量做到：

（1）作业前先说明实际操作的要求及希望达成的目标。

（2）分段进行实际操作示范，可配合适当的讲解。

（3）应使所有的培训对象都能看清实际操作示范时的动作。

（4）实际操作示范后安排培训对象提问，可根据需要再示范或回答问题。

（5）安排培训对象实际操作，纠正培训对象的错误动作。

（6）对培训过程做简要的总结和评估。

3. 指导初、中、高级工进行酸碱洗实际操作示例

（1）准备工作

酸洗的基本工序有上料、卸料、酸洗、烘干、垛放、标识和酸碱配置等。在进行实际操作指导前，按培训要求，选择典型的生产环境加以配合，并做适当的布置，如场地、设备、工具、量具、材料等。

（2）实际操作指导

1）酸洗操作示范

酸洗过程：上料→酸洗→卸料→检查。

一边操作，一边讲解操作要领和注意事项，同时，告知培训者如此操作的原因和依据。在酸洗时，可以向培训者详细介绍酸洗的缺陷，让他知道这些缺陷及其产生原因，以便在酸洗时能够克服。由于酸洗是酸碱危化品作业，安全问题也非常重要，要向培训者认真介绍安全操作知识，避免生产作业中发生安全事故。

2）酸洗操作指导

培训的目的，是让受训者自己掌握操作方法和技巧，所以，在示范操作后，必须让培训者多亲自操作，考察他是否掌握了操作要领，发现不对的地方，及时给予纠正，让受训者在实作中得到锻炼和提高。

3）提问与回答

操作示范和操作指导过程结束后，对培训对象提出的疑问做简要的回答，必要时可再做示范，从而使培训对象对操作过程有较深的印象。

参 考 文 献

[1] 钟卫佳．铜加工技术使用手册［M］．北京：冶金工业出版社，2007.
[2] 李异．金属表面清洗技术［M］．北京：化学工业出版社，2007.
[3] 重有色金属材料加工手册编写组，重有色金属材料加工手册（第 3 分册）［M］．北京：冶金工业出版社，1979.
[4] 李宏磊，娄花芬，马可定．铜加工生产技术问答［M］．北京：冶金工业出版社，2007.
[5] 王涛，高希岩．铜及铜合金板带材表面清洗技术及装备．中国铜加工产业发展论坛文集［C］．北京：有色金属加工．［内部资料］，2009.3.
[6] 钟卫佳，马克定，吴维治．铜加工技术实用手册［M］．北京：冶金工业出版社，2007.